工伤预防知识学习手册丛书

矿山
工伤预防知识学习手册

主　编◎孙宁昊　郝彬鑫　佟瑞鹏
副主编◎孙鹏依　韩吉祥

中国劳动社会保障出版社

图书在版编目（CIP）数据

矿山工伤预防知识学习手册/孙宁昊，郝彬鑫，佟瑞鹏主编. -- 北京：中国劳动社会保障出版社，2025.（工伤预防知识学习手册丛书）. -- ISBN 978-7-5167-7124-2

Ⅰ. TD77-62

中国国家版本馆 CIP 数据核字第 2025NX0722 号

矿山工伤预防知识学习手册
KUANGSHAN GONGSHANG YUFANG ZHISHI XUEXI SHOUCE

中国劳动社会保障出版社出版发行

（北京市惠新东街1号　邮政编码：100029）

*

天津市银博印刷集团有限公司印刷装订　　新华书店经销

880 毫米 ×1230 毫米　32 开本　4.25 印张　91 千字

2025 年 6 月第 1 版　2025 年 6 月第 1 次印刷

定价：16.00 元

营销中心电话：400-606-6496

出版社网址：https://www.class.com.cn

版权专有　　侵权必究

如有印装差错，请与本社联系调换：（010）81211666

我社将与版权执法机关配合，大力打击盗印、销售和使用盗版图书活动，敬请广大读者协助举报，经查实将给予举报者奖励。

举报电话：（010）64954652

"工伤预防知识学习手册丛书"编委会

主　任： 佟瑞鹏

副主任： 张姜博南　李宝昌

委　员： 孙　浩　张渤苓　王露露　王乐瑶　张东许　赵　旭
　　　　孙宁昊　和杰花　李佳航　胡向阳　王　乾　梁梵洁
　　　　李　鑫　王楚涵　赵云昊　宋轩宇　王登辉　姚泽旭
　　　　尹雪晨　郭　钰　孙鹏依　韩吉祥　张晓磊　孟子尧
　　　　刘贤鹏　柴文浩　李慕晨　未宗帅　毛　颖　王益艳
　　　　赵晶荣　董国宇　杨昂滨　武　琪　李佳琦　张笑璇
　　　　连芳菲　王智浩　吴韶辉　李聪聪　李昕阳　张培森
　　　　张智慧　邓盈祺　郝彬鑫　芦佳乐　尼玛平措
　　　　皮芙萍

内容简介
INTRODUCTION

工伤预防是工伤保险预防、补偿、康复"三位一体"工伤保险制度体系的重要组成部分，各级相关管理部门、用人单位以及广大职工应当依法落实工伤预防工作，降低工伤事故伤害和职业病的发生率。煤矿和非煤矿山属于高危行业，其生产过程中要面对事故伤害风险和职业病危害因素，工伤事故高发，因此要加强工伤预防知识的宣传与普及，有效提高矿山企业职工的生产安全意识。

本书是"工伤预防知识学习手册丛书"之一，全面系统地介绍了工伤保险和工伤预防基础知识，梳理了工伤事故预防及职业病相关基本概念，以法律法规、规章制度、国家标准以及技术规范为依据，重点介绍了矿山工伤事故预防、矿山员工行为与设备规范、矿山职业病预防，同时还介绍了矿山工伤事故应急处置与急救等内容。

本书内容简明实用，典型性、通用性强，文字表述浅显易懂，版式活泼，搭配原创漫画配图，以便于对重要知识的理解与掌握。本书适合工伤保险集中宣传活动中对员工进行基础知识普及，适合各级工伤保险主管部门、各类用人单位开展工伤预防宣传培训使用，适用于广大职工群众提升工伤预防意识、普及工伤保险与安全生产知识。

目 录
CONTENTS

第1章 工伤保险和工伤预防 /1
  1. 工伤保险的定义与特点 /1
  2. 工伤保险的重要意义与原则 /3
  3. 我国工伤保险制度发展历程 /5
  4. 工伤保险基金与参保缴费 /7
  5. 工伤认定 /8
  6. 工伤职工劳动能力鉴定 /12
  7. 工伤保险待遇 /13
  8. 工伤预防的概念与作用 /15
  9. 职工工伤保险和工伤预防的权利和义务 /17
  10. 工伤预防管理模式 /19

第2章 工伤事故与职业病防治概述 /21
  11. 工伤与职业病概念 /21
  12. 工伤事故常见种类 /24
  13. 造成事故的不安全行为与不安全心理 /27
  14. 安全生产教育和培训 /29
  15. 安全生产规章制度 /32

16. 作业现场安全信息 /33

17. 职业病的特点与分类 /37

18. 职业病危害因素 /39

19. 职业健康监护 /39

第3章 矿山工伤事故预防 /45

20. 煤矿井下自然灾害 /45

21. 冒顶片帮工伤事故预防 /47

22. 炮烟中毒窒息工伤事故预防 /50

23. 矿井火灾工伤事故预防 /53

24. 矿山爆破工伤事故预防 /55

25. 矿山触电工伤事故预防 /59

26. 矿山坍塌工伤事故预防 /60

27. 矿山提升工伤事故预防 /61

28. 矿山瓦斯和煤尘爆炸工伤事故预防 /62

29. 矿井水灾工伤事故预防 /64

第4章 矿山职工安全行为与设备规范 /69

30. 矿山职工安全行为规范 /69

31. 矿山常见机械分类及操作规程 /75

32. 矿山常见作业人员职责 /80

第5章 矿山职业病预防 /89

33. 矿山行业职业病危害 /89

34. 矿山行业职业病防治 /90

35. 劳动防护用品的分类与使用 /92

36. 安全帽佩戴使用 /95

37. 防尘口罩佩戴使用 /96

38. 防护手套佩戴使用 /97

39. 防护鞋穿着使用 /98

第 6 章 矿山工伤事故应急处置与急救 /99

40. 现场急救的基本原则与步骤 /99

41. 矿工的自救与互救 /102

42. 现场常用急救方法 /103

43. 冒顶事故应急处置 /116

44. 炮烟中毒窒息事故应急处置 /118

45. 煤矿透水事故应急处置 /119

46. 煤矿井下火灾应急处置 /121

47. 高处坠落事故应急处置 /123

48. 矿山爆破事故应急处置 /123

第1章 工伤保险和工伤预防

1. 工伤保险的定义与特点

（1）工伤保险的定义

工伤保险是指国家立法实施的，通过用人单位缴费筹资形成基金，对职工因工作原因遭受事故伤害或者患职业病的，给予职工及其近亲属相应待遇的一项社会保险制度。

（2）工伤保险的特点

工伤保险具有4个基本特点：一是强制性，工伤保险是由国家通过立法来强制执行的，在立法规定的范围内，用人单位必须参加工伤保险，为职工缴纳工伤保险费；二是非营利性，工伤保险既是国家对职工履行的社会责任，也是职工应该享有的基本权利，国家实行工伤保险制度，目的是保障职工安全健康，因此国家提供的所有工伤保险有关的服务,均不以营利为目的;三是保障性,为工伤职工及其近亲属提供基本生活保障和医疗康复待遇;四是互助互济性,通过法定程序筹集工伤保险基金,实现不同群体、地域和行业间的风险共担和基本调剂。

法律提示

  《工伤保险条例》于2003年4月27日经中华人民共和国国务院令第375号公布,自2004年1月1日起施行。2010年12月20日,经中华人民共和国国务院令第586号令发布《国务院关于修改〈工伤保险条例〉的决定》,修订后的条例自2011年1月1日起正式施行。

  现行《工伤保险条例》共8章67条,基本结构为:第一章总则,第二章工伤保险基金,第三章工伤认定,第四章劳动能力鉴定,第五章工伤保险待遇,第六章监督管理,第七章法律责任,第八章附则。

2. 工伤保险的重要意义与原则

（1）工伤保险的重要意义

《工伤保险条例》的立法宗旨是：为了保障因工作遭受事故伤害或者患职业病的职工获得医疗救治和经济补偿，促进工伤预防和职业康复，分散用人单位的工伤风险。这体现了国家设立工伤保险制度的重要意义。

（2）工伤保险的原则

1）强制性原则。工伤会给工伤职工带来痛苦，给工伤家庭带来不幸，也于用人单位乃至国家不利，因此国家通过立法，强制实施工伤保险制度，规定属于覆盖范围的用人单位必须依法参加工伤保险并履行缴费义务。

2）无过错补偿原则。工伤事故发生后，不管过错在谁，工伤职工均可获得补偿，以确保其及时获得医疗救治和基本生活保障。但这并不妨碍有关部门对事故责任人的追究，以防止类似事故重复发生。

3）职工个人不缴费原则。这是工伤保险与养老、医疗、失业等其他社会保险项目的区别之处。由于职业伤害是在工作过程中造成的，劳动力是重要的生产要素，职工为用人单位创造财富的同时付出了代价，因此理应由用人单位负担全部工伤保险费，职工个人不缴纳任何费用。

4）风险分担、互助互济原则。通过法律强制征收工伤保险费，建立工伤保险基金，采取互助互济的方法，分散风险，缓解部分企业、行业因工伤事故或职业病所产生的负担。

5）实行行业差别费率和浮动费率原则。为强化不同工伤风险类别行业相对应的雇主责任，充分发挥缴费费率的经济杠杆作用，促进工伤预防，减少工伤事故，工伤保险实行行业差别费率，并根据用人单位工伤保险支缴率和工伤事故发生率等因素实行行业浮动费率。

6）补偿与预防、康复相结合原则。工伤补偿、工伤预防与工伤康复三者是密切相连的，构成了工伤保险制度的三个支柱。工伤预防是工伤保险制度的重要内容，工伤保险制度致力于采取各种措施，以减少和预防工伤事故的发生。工伤事故发生后，及时对工伤职工予以医治并给予经济补偿，使工伤职工本人或家庭生活得到一定的保障，是工伤保险制度的基本功能。同时，要及时对工伤职工进行医学康复和职业康复，使其尽可能恢复或部分恢复劳动能力，具备从事某种职业的能力，能够自食其力，从而减少人力资源和社会资源的浪费。

7）一次性补偿与长期补偿相结合原则。对工伤职工或工亡职工的近亲属，工伤保险待遇实行一次性补偿与长期补偿相结合的办法。如对高伤残等级的职工、工亡职工的近亲属，在依法支付一次性补偿的同时，还按月支付长期待遇。这种一次性补偿与长期补偿相结合的办法，可以长期、有效地保障工伤职工及工亡职工近亲属的基本生活。

Tips 相关链接

《工伤保险条例》第二条规定，中华人民共和国境内的企业、事业单位、社会团体、民办非企业单位、基金会、律师事务所、会计师事务所等组织和有雇工的个体工商户（以下称用人单位）应当依照《工伤保险条例》规定参加工伤保险，为本单位全部职工或者雇工（以下称职工）缴纳工伤保险费。中华人民共和国境内的企业、事业单位、社会团体、民办非企业单位、基金会、律师事务所、会计师事务所等组织的职工和个体工商户的雇工，均有依照《工伤保险条例》的规定享受工伤保险待遇的权利。

3. 我国工伤保险制度发展历程

（1）计划经济时期工伤补偿制度的建立和实施

1951年，中央人民政府政务院颁布了《中华人民共和国劳动保险条例》，这是我国第一部包括养老、工伤、工亡职工遗属等保险项目在内的全国性统一法规，也是社会保障制度在我国开始实施的起点。该条例对劳动保险的实施范围，保险费的征集、管理和支付，保险的项目和标准，以及保险业务的执行和监督都作出了明确规定。

劳动保险制度中的工伤补偿制度，结束了我国缺乏完整统一的工伤保障制度的历史，通过实行部分基金统筹的方式，为计划经济时期的大规模建设提供了工伤补偿制度，保障了这一时期工伤职工及其家属的基本生活，具有分散工伤风险、促进经济建设的积极意义。

（2）改革开放时期工伤保险制度的改革探索和实践

我国工伤保险制度改革始于20世纪80年代中期。1988年，劳动部主持制定了社会保险制度改革方案，选择了社会保险作为我国工伤保险的制度模式，初步形成了工伤保险制度改革框架，提出了工伤保险制度改革的主要内容。

在总结多年工伤保险改革试点经验和借鉴国外成熟做法的基础上，1996年8月12日，劳动部颁布了《企业职工工伤保险试行办法》，对工伤保险制度作了统一规定，对沿用至20世纪90年代初的企业自我保险的工伤制度进行了根本性改革。同时，国家技术监督局也在1996年3月公布了《职工工伤与职业病致残程度鉴定标准》（GB/T 16180—1996）。

（3）适应市场经济体制的工伤保险制度的形成

2003年，国务院颁布了《工伤保险条例》，标志着适应我国社会主义市场经济体制的工伤保险制度正式形成。

《工伤保险条例》的颁布,在我国工伤保险制度建设进程中具有里程碑意义,标志着我国的工伤保险制度步入了法治化轨道,也预示着我国的工伤保险制度改革进入一个崭新的发展阶段,意味着适应我国社会主义市场经济的新型工伤保险制度已初步构建完成。同时,《工伤保险条例》的出台,使工伤保险成为我国社会保障体系的重要组成部分,对于进一步完善我国的社会保障体系,维护我国经济和社会的健康稳定发展,以及加快推进我国社会保障法治化建设,无疑起到了重要的推动作用。

4. 工伤保险基金与参保缴费

(1) 工伤保险基金

稳定充足的工伤保险基金是工伤保险制度顺利实施的保障。《社会保险术语 第5部分:工伤保险》(GB/T 31596.5—2015)中将工伤保险基金定义为:按照法律规定,由用人单位缴纳的工伤保险费及其利息收入,以及其他依法纳入的资金汇集而成的,用于支付工伤保险待遇及其他相关支出的专项资金。

(2) 工伤保险参保缴费

随着经济社会的发展,世界各国已达成共识,认为职工在为用人单位创造财富、为社会作出贡献的同时,还冒着付出健康和生命的代价。因此,由用人单位缴纳工伤保险费是完全必要和合理的。

《工伤保险条例》第十条规定,用人单位应当按时缴纳工伤保险费。职工个人不缴纳工伤保险费。用人单位缴纳工伤保险费的数额为本单位职工工资总额乘以单位缴费费率之积。对难以按照工资总额缴纳工伤保险费的行业，其缴纳工伤保险费的具体方式，由国务院社会保险行政部门规定。

 相关链接

目前，世界各国实行的工伤保险大体分为两种类型：一种是社会保险类型，另一种是雇主责任类型。

实行社会保险类型的国家约占实行工伤保险制度国家的2/3。工伤保险基金可以是一般社会保险基金的组成部分，也可以是单独的。在这些国家中，凡参加工伤保险的雇主，都必须向社会保险机构缴纳工伤保险费。

实行雇主责任类型的是少数国家，体现为雇主责任制。雇主责任制有两种方式：一是工伤职工或其近亲属直接向雇主要求索赔；二是雇主为其雇员的工伤风险购买商业保险。雇主责任制下，完全由雇主承担缴费甚至赔偿责任，职工个人不缴费。

5. 工伤认定

（1）各类工伤认定的情形

《工伤保险条例》第十四条至第十六条分别对应当认定为工伤的情形、视同工伤的情形、不得认定为工伤的情形作出了明确规定。

1）职工有下列情形之一的，应当认定为工伤：

①在工作时间和工作场所内，因工作原因受到事故伤害的；

②工作时间前后在工作场所内，从事与工作有关的预备性或者收尾性工作受到事故伤害的；

③在工作时间和工作场所内，因履行工作职责受到暴力等意外伤害的；

④患职业病的；

⑤因工外出期间，由于工作原因受到伤害或者发生事故下落不明的；

⑥在上下班途中，受到非本人主要责任的交通事故或者城市轨道交通、客运轮渡、火车事故伤害的；

⑦法律、行政法规规定应当认定为工伤的其他情形。

2）职工有下列情形之一的，视同工伤：

①在工作时间和工作岗位，突发疾病死亡或者在 48 h 之内经抢救无效死亡的；

②在抢险救灾等维护国家利益、公共利益活动中受到伤害的；

③职工原在军队服役，因战、因公负伤致残，已取得革命伤残军人证，到用人单位后旧伤复发的。

职工有前款第①项、第②项情形的，按照《工伤保险条例》的有关规定享受工伤保险待遇；职工有前款第③项情形的，按照《工伤保险条例》的有关规定享受除一次性伤残补助金以外的工伤保险待遇。

3）职工符合《工伤保险条例》第十四条、第十五条的规定，但是有下列情形之一的，不得认定为工伤或者视同工伤：

①故意犯罪的；

②醉酒或者吸毒的；

③自残或者自杀的。

（2）工伤认定的主要流程

申请工伤认定的流程可以总结为发生工伤、提出工伤认定申请、备齐申请材料、社会保险行政部门受理、作出工伤认定5个环节，具体如下。

1）发生工伤。职工发生工伤事故，或被诊断、鉴定为职业病。

2）提出工伤认定申请。职工所在单位应当自事故伤害发生之日或者职工被诊断、鉴定为职业病之日起30日内，向统筹地区社会保险行政部门提出工伤认定申请。

用人单位未按上述规定提出工伤认定申请的，工伤职工或者其近亲属、工会组织在事故伤害发生之日或者被诊断、鉴定为职业病之日起1年内，可以直接向用人单位所在地统筹地区社会保险行政部门提出工伤认定申请。

3）备齐申请材料。提出工伤认定申请应当提交下列材料：

①工伤认定申请表；

②与用人单位存在劳动关系（包括事实劳动关系）的证明材料；

③医疗诊断证明或者职业病诊断证明书（或者职业病诊断鉴定书）。

工伤认定申请表应当包括事故发生的时间、地点、原因以及职工伤害程度等基本情况。

4）社会保险行政部门受理。申请材料完整，属于社会保险行政部门管辖范围且在受理时效内的，应当受理。申请材料不完整的，社会保险行政部门应当一次性书面告知工伤认定申请人需要补正的全部材料。

5）作出工伤认定。社会保险行政部门应当自受理工伤认定申请之日起60日内作出工伤认定的决定，并书面通知申请工伤认定的职工或者其近亲属和该职工所在单位。

第 1 章　工伤保险和工伤预防

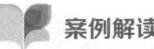
案例解读

　　田某在某市铸造厂从事铸造工作。某日，车间主任派他到该厂另一车间拿工具。在返回工作岗位途中，田某被该厂建筑工地坠落的砖块砸伤头部，当即被送往医院救治，后被诊断为脑裂伤。出院后，田某向单位申请工伤保险待遇，但是单位认为他不是在本职岗位受伤，因此不能享受工伤保险待遇。田某遂向当地社会保险行政部门投诉，要求认定其为工伤。

　　当地社会保险行政部门经调查后认为：虽然田某的致伤地点不是本职岗位，但他是受领导（车间主任）指派离开本职岗位到另一车间拿工具的，故其受伤地点应属于工作场所。这一事故具有一般工伤事故应具备的"三工"要素，即在工作时间、工作地点、因工作原因而受伤。因此，当地社会保险行政部门认定田某为工伤，并依法要求单位按规定给予田某相应的工伤保险待遇。

6. 工伤职工劳动能力鉴定

（1）工伤职工劳动能力鉴定申请条件

劳动能力鉴定申请是在法律与制度的严格规范下，有着明确且严谨的条件要求，旨在确保整个鉴定过程的科学性、公正性以及权威性，让每一位工伤职工、因病或非因工致残人员都能获得与其身体损伤状况和劳动能力丧失程度相匹配的合理保障。以下仅对工伤职工劳动能力鉴定进行阐述。

具体来说，工伤职工进行劳动能力鉴定应符合以下条件：一是经过治疗后，伤病情处于相对稳定状态，这样便于劳动能力鉴定机构聘请的医疗专家对伤病情进行鉴定；二是职工经治疗后，确认是因工伤原因造成的身体上的残疾；三是工伤职工的残疾对以后的工作、生活将产生直接影响，并且伤残程度已经影响到职工本人的劳动能力。在这种情况下，工伤职工应当进行劳动能力鉴定。

（2）工伤职工劳动能力鉴定主体

工伤职工或者其用人单位应当及时向设区的市级劳动能力鉴定委员会提出劳动能力鉴定申请。

（3）工伤职工劳动能力鉴定流程

申请劳动能力鉴定的主要流程可以总结为以下 5 个环节。

1）职工伤情基本稳定，进行劳动能力鉴定。职工发生工伤，经治疗伤情相对稳定后存在残疾、影响劳动能力的，或者停工留薪期满（含劳动能力鉴定委员会确认的延长期限），应依法进行劳动能力鉴定。劳动功能障碍分为十个伤残等级，最重的为一级，最轻的为十级。生活自理障碍分为三个等级，即生活完全不能自理、生活大部分不能自理和生活部分不能自理。

2）备齐材料，提出申请。申请劳动能力鉴定应当填写劳动能力鉴定申请表，并提交下列材料：有效的诊断证明，按照医疗机构病历管理有关规定复印或者复制的检查、检验报告等完整病历材料；被鉴定人的居民身份证或者社会保障卡等其他有效身份证明原件。通过信息共享能够获取的申请材料，不得要求重复提交。

3）接受申请，作出鉴定结论。劳动能力鉴定委员会应当自收到材料完整的劳动能力鉴定申请之日起60日内作出劳动能力鉴定结论。伤病情复杂、涉及医疗卫生专业较多的，该期限可以延长30日。劳动能力鉴定结论应当及时送达申请鉴定的单位和个人。

4）对鉴定结论不服的，可申请再次鉴定。工伤职工或者其用人单位对初次鉴定结论不服的，可以在收到鉴定结论之日起15日内，向省、自治区、直辖市劳动能力鉴定委员会申请再次鉴定。省、自治区、直辖市劳动能力鉴定委员会作出的劳动能力鉴定结论为最终结论。

5）若伤残情况发生变化，可申请劳动能力复查鉴定。自工伤职工劳动能力鉴定结论作出之日起1年后，工伤职工、用人单位或者社会保险经办机构认为伤残情况发生变化的，可以向设区的市级劳动能力鉴定委员会申请复查鉴定。对复查鉴定结论不服的，可以按照《劳动能力鉴定管理办法》第十九条规定申请再次鉴定。

7. 工伤保险待遇

（1）工伤保险待遇享受条件

《中华人民共和国社会保险法》第三十六条规定，职工因工作原因受到事故伤害或者患职业病,且经工伤认定的,享受工伤保险待遇;其中,经劳动能力鉴定丧失劳动能力的,享受伤残待遇。

(2)工伤保险待遇主要类型

《工伤保险条例》中规定的工伤保险待遇主要有以下4种类型。

1)工伤医疗及康复待遇。包括工伤医疗及相关补助待遇、工伤康复待遇、辅助器具的安装配置待遇等。

2)停工留薪期待遇。职工因工作遭受事故伤害或者患职业病需要暂停工作接受工伤医疗的,在停工留薪期内,原工资福利待遇不变,由所在单位按月支付。停工留薪期一般不超过12个月。伤情严重或者情况特殊,经设区的市级劳动能力鉴定委员会确认,可以适当延长,但延长不得超过12个月。生活不能自理的工伤职工在停工留薪期需要护理的,由所在单位负责。

3）伤残待遇。根据工伤发生后劳动能力鉴定确定的劳动功能障碍程度和生活自理障碍程度的等级不同，工伤职工可享受相应的一次性伤残补助金、伤残津贴、一次性工伤医疗补助金、一次性伤残就业补助金及生活护理费等。

4）工亡待遇。职工因工死亡，其近亲属按照规定从工伤保险基金领取丧葬补助金、供养亲属抚恤金和一次性工亡补助金。

（3）停止享受工伤保险待遇的情形

1）丧失享受待遇条件的。如果工伤职工在享受工伤保险待遇期间情况发生了变化，不再具备享受工伤保险待遇的条件，如劳动能力得以完全恢复而无须工伤保险制度提供保障时，应当停发工伤保险待遇。

2）拒不接受劳动能力鉴定的。如果工伤职工没有正当理由拒不接受劳动能力鉴定，一方面工伤保险待遇无法确定，另一方面也表明工伤职工并不愿意接受工伤保险制度提供的帮助，故不应当再享受工伤保险待遇。

3）拒绝治疗的。职工遭受事故伤害或患职业病后，有享受工伤医疗待遇的权利，也有积极配合医疗救治的义务。如果无正当理由拒绝治疗，一味消极地依靠社会救助，有悖于这一义务，则不得再继续享受工伤保险待遇。

8. 工伤预防的概念与作用

（1）工伤预防的概念

工伤预防是指避免与降低工伤风险所采取的宣传和培训等手段和措施。其中，工伤风险是指在工作过程中工伤发生概率和造成危害的程度。

工伤预防的目的是从源头上减少和避免工伤事故与职业病的发生,实现最大限度地减少工伤的最终目标。因此,在工伤保险工作中,应将工伤预防放在首位。

(2)工伤预防的地位和作用

工伤预防是建立健全工伤预防、工伤补偿、工伤康复"三位一体"工伤保险制度的重要内容。《工伤保险条例》把工伤预防定为工伤保险三大任务之一,从而逐步改变了过去重补偿、轻预防的模式。生命安全和身体健康是职工的最大利益,用人单位和职工要共同做好工伤预防工作,坚持"安全第一、预防为主、综合治理"的安全生产工作方针。

工伤预防的作用主要表现在以下两方面。

1)工伤预防可以从源头上降低工伤事故和职业病的发生概率,

保障职工的安全健康。预防的要义在于"事先防范",防未发生的事故,防"未病之病",防患于未然。企业要进行生产活动,就存在发生工伤事故和职业病的可能。有关研究表明,现有工伤事故80%以上是可以通过安全生产管理与技术等手段避免的,说明了工伤预防工作的迫切性和重要性。

2)工伤预防工作从根本上有利于企业发展,促进社会和谐稳定。随着工伤保险制度的不断完善,工伤预防工作将得到逐步加强。一方面,通过工伤预防,可以提升企业安全生产管理水平,消除工伤事故隐患,从而减少和避免工伤事故的发生。这既能有效保护职工的生命安全与身体健康,也能降低工伤事故给企业带来的经济损失,确保企业生产经营活动的顺利进行,进而推动企业的良性发展,为经济社会的进步贡献力量。另一方面,工伤事故的减少,将大幅度降低由此引发的劳资争议,有利于建立和谐的劳动关系,进而促进社会和谐稳定。

> **Tips 相关链接**
>
> 在我国,工伤预防与安全生产关系密切,存在互相促进的辩证关系。工伤预防在促进安全生产、保护职工安全健康方面有着十分重要的意义和作用;反之,安全生产对工伤预防也有十分重要的促进作用。

9. 职工工伤保险和工伤预防的权利和义务

(1)职工工伤保险和工伤预防的权利

职工工伤保险和工伤预防的权利主要体现在以下10个方面。

1）有权获得劳动安全卫生教育和培训，了解所从事的工作可能对身体健康造成的危害和可能发生的安全事故。

2）有权获得保障自身安全、健康的劳动条件和个人防护用品。

3）有权对用人单位管理人员违章指挥、强令冒险作业予以拒绝。

4）有权对危害生命安全和身体健康的行为提出批评、检举和控告。

5）从事职业危害作业的，有权获得定期健康检查。

6）发生工伤时，有权得到抢救治疗。

7）发生工伤后，有权申请工伤认定和享受工伤保险待遇。

8）有权申请劳动能力鉴定和再次鉴定，认为伤残情况发生变化的，有权申请劳动能力复查鉴定。

9）因工致残尚有工作能力的，有权在就业方面得到特殊保护，得到职业康复培训和再就业帮助。依照法律规定，用人单位对因工致残的职工不得解除劳动合同，并应根据不同情况安排适当工作。

10）与用人单位发生工伤保险待遇方面争议的，有权按照处理劳动争议的有关规定处理；对工伤认定结论不服或对社会保险经办机构核定的工伤保险待遇持有异议的，可以依法申请行政复议，也可以依法向人民法院提起行政诉讼。

（2）职工工伤保险和工伤预防的义务

权利与义务是对等的，有相应的权利，就有相应的义务。职工工伤保险和工伤预防的义务主要体现在以下4个方面。

1）有义务遵守劳动纪律和用人单位的规章制度，做好本职工作和被临时指派的工作，服从本单位负责人的工作安排和指挥。

2）在劳动过程中必须严格遵守安全操作规程，正确使用个人防护用品，依法接受劳动安全卫生教育和培训，配合用人单位积极预防工伤事故和职业病的发生。

3）申请工伤认定、劳动能力鉴定时，有义务如实反映发生的工伤事故和职业病的有关情况以及工资收入、家庭等有关情况；当有关部门调查取证时，应当给予配合。

4）除紧急情况外，工伤职工应当到签订服务协议的医疗机构进行治疗，对于治疗、劳动能力鉴定、康复要接受有关机构的安排，并给予配合。

10. 工伤预防管理模式

目前，世界上工伤预防体制主要可以分为3类：第一类为独立型，即工伤保险机构自身单独管理和核算，从而使工伤预防体制相对独立。这种体制以意大利和德国为代表，在世界上为数不少。第二类为混合型,即由几个部门联合管理工伤预防,如英国和大多中欧、东欧国家,一般有两个相互独立的政府部门,一个主管职业安全,另一个主管职业卫生。第三类为附属型,即工伤预防职能归属于国家的某个部委,该部委主要是分管劳动和卫生的,如日本、芬兰、荷兰和挪威等国家。

目前我国的工伤预防管理模式主要有以下3个方面。

(1) 扩大工伤保险覆盖面

作为一种"保险",大数法则是工伤保险一个十分重要的原则,即参保者必须有较大的人群才能共同应对风险,才能较好开展工伤预防等工作。

(2) 费率机制预防措施

费率机制的预防措施是指在筹集工伤保险基金的过程中,采取工伤保险行业差别费率和浮动费率机制,根据用人单位的工伤风险和工伤事故发生情况,调整用人单位的缴费费率,即对安全生产状况差、使用工伤保险基金多的用人单位提高缴费比例,对安全生产情况好、使用工伤保险基金少的用人单位降低缴费比例。这实质上是对两种不同情况用人单位的奖惩措施,可以引导用人单位做好工伤预防工作,利用经济杠杆作用激励和督促用人单位加强安全生产管理和工伤预防工作。

(3) 其他综合性预防措施

其他综合性预防措施主要指从工伤保险基金中提取一定比例的工伤预防费,做好工伤预防宣传与培训工作,提高用人单位和职工的工伤预防意识和能力,减少工伤事故和职业病的发生。

第2章 工伤事故与职业病防治概述

11. 工伤与职业病概念

（1）工伤概念

工伤，亦称职业伤害、工作伤害，各国的概念不尽相同。"工伤"一词比较规范的说法是在1921年国际劳工大会上通过的公约中提及的，即"由于工作原因受到事故伤害的情况为工伤"。1964年第48届国际劳工大会也规定了工伤补偿应将职业病和上下班交通事故包括在内。

第13次国际劳动统计会议使用了雇佣事故的定义，它是指由雇佣引起的或在雇佣过程中发生的事故（工业事故和上下班事故）。雇佣伤害是指由雇佣事故导致的所有伤害和所有职业病。

我国国家标准《社会保险术语 第5部分：工伤保险》（GB/T

31596.5—2015）中将"工伤"定义为"职工因工作遭受事故伤害或患职业病"。此外，与工伤相关的概念有以下3种。

1）工伤风险。在工作过程中工伤发生的概率和造成危害的程度。

2）工伤发生率。在一定时期内，用人单位（或统筹地区）发生工伤的人次数占职工总人数的比率。

3）工伤预防。避免与降低工伤风险所采取的宣传和培训等手段和措施。

（2）职业病相关概念

《中华人民共和国职业病防治法》规定，职业病是指企业、事业单位和个体经济组织等用人单位的劳动者在职业活动中，因接触粉尘、放射性物质和其他有毒、有害因素而引起的疾病。《职业病诊断名词术语》（GBZ/T 157—2009）中，对职业病诊断及相关概念作出了解释。

1）职业病诊断。具有职业病诊断资质的医疗卫生机构，根据《中华人民共和国职业病防治法》《职业病诊断与鉴定管理办法》和相关职业病诊断标准，以劳动者的职业病危害因素接触史、临床表现和医学检查结果为主要依据，结合既往病史、工作场所职业病危害因素检测情况等资料，综合分析其疾病的特征和发展变化是否符合相应的职业病特征、发生发展规律和流行病学规律，对接触职业病危害因素的劳动者作出是否患有职业病的诊断结论。

2）职业病诊断证明书。职业病诊断机构依法向劳动者、用人单位出具的职业病诊断证明文件。

3）职业病诊断鉴定书。职业病诊断鉴定委员会依法向申请职业病鉴定的当事人出具的职业病鉴定结果证明文件。

4）职业病诊断标准。国家有关部门颁发的具有法律意义的职业病诊断技术标准。

5）职业病诊断分级标准。在职业病诊断标准中，作为反映疾病严重程度分级的临床及实验室指标。

6）职业病诊断指标。在职业病诊断标准中，作为职业病诊断依据的症状、体征和实验室检查的特异性或非特异性指标。

（3）法定职业病基本概念

职业病是一种人为的疾病。它的发生率与患病率的高低，直接反映疾病预防控制工作的水平。世界卫生组织对职业病的定义，除医学的含义外，还赋予立法意义，即由国家所规定的"法定职业病"。

法定职业病必须具备4个条件：一是患者主体仅限于企业、事业单位和个体经济组织等用人单位的劳动者；二是必须在从事职业活动的过程中产生；三是必须因接触粉尘、放射性物质和其他有毒、有害因素引起；四是必须列入国家规定的职业病范围。

12. 工伤事故常见种类

（1）电气事故

电气事故是指由电气设备不正常运行或人员操作失误直接或间接造成设备损坏、人员伤亡、环境破坏等后果的事件。电气事故可分为触电事故、静电事故、雷电灾害、射频辐射危害和电路故障5类。触电事故的发生存在以下规律：错误操作和违章作业造成的触电事故多；中青年工人、非专业电工造成的触电事故多；低压设备造成的触电事故多；移动式设备和临时性设备造成的触电事故多；电气连接部位造成的触电事故多；6—9月触电事故多；具有环境特点。

（2）机械事故

机械事故是指在机械操作过程中，由于设备故障、操作失误、防护措施不到位等原因导致的人员伤亡事件。机械事故的种类包括：机械设备的零部件处于旋转运动状态时造成的伤害；机械设备的零部件处于直线运动状态时造成的伤害；刀具造成的伤害；被加工零部件造成的伤害；电气系统造成的伤害；手用工具造成的伤害；其他伤害。

（3）焊接切割事故

焊接切割需高温热源，操作时，若操作人员违规未穿戴好防护用具，飞溅的火花极易烫伤皮肤、灼伤眼睛，引发不可逆损伤。设备漏电、回火处理不当等状况，也常导致操作人员触电、遭受灼烫。该类事故的常见种类包括：火灾、爆炸；触电；烫伤；弧光导致的眼病；粉尘爆炸或引起职业病。

（4）火灾爆炸及危险化学品事故

火灾爆炸事故不仅会破坏工厂的设施和设备，而且会带来严重的人员伤亡。特别是因为爆炸的发生，根本没有初期灭火或疏散等机会。危险化学品事故同样是导致工伤的重要原因之一。包装破损、违规混放等行为，极易导致危险化学品泄漏。一旦人员吸入或接触这些泄漏的物质，就可能发生中毒事故。而如果泄漏的化学品遇到明火，火灾爆炸事故就可能随之发生，给企业带来极其惨重的损失。

（5）起重事故

很多企业生产过程中都包含起重作业。起重事故一般是指在起重作业过程中发生的，导致人员伤亡、财产损失、设备损坏或者对周边环境产生不良影响的意外事件。起重事故的类型包括坠落事故、触电事故、挤伤事故、机毁事故和其他事故，主要原因包括挤压碰撞人、触电（电击）、高处坠落、吊物（具）坠落砸人、机体倾翻等。

（6）厂内运输事故

该类事故常见种类包括车辆伤害、物体打击、高处坠落、火灾爆炸等。其中以车辆伤害为主，其原因是多方面的，主要包括人（驾驶人员、行人、装卸工）、车（机动车与非机动车）、道路环境3个综合因素。在这3个因素中，人是最重要的因素。

（7）建筑施工事故

建筑施工中最常见的事故为高处作业事故。在距坠落高度基准面2 m及2 m以上有可能坠落的高处进行的作业均称为高处作业。此外，建筑施工工伤的其他来源包括瓦工作业、抹灰工作业、木工作业、钢筋工作业、架子工作业以及施工现场机动车驾驶作业。

（8）矿山事故

矿山事故是指在矿山开采、挖掘、运输等作业环节中，因各类危险因素引发的，致使矿工身体受到伤害的意外事件。例如，冒顶片帮时顶板突然垮塌，矿工躲避不及被砸伤；瓦斯爆炸瞬间释放巨大能量，造成烧伤、冲击伤；矿车脱轨，矿工被甩落受伤等。矿山事故既严重威胁矿工生命安全，也影响矿山的正常生产经营。

（9）道路交通事故

在工伤认定中，道路交通事故是指职工在上下班途中或因工作需要外出时，于道路上遭遇意外而受伤的情形。例如，职工驾车去拜访客户，途中突遭其他车辆违规变道撞击，身负重伤；职工骑电瓶车通勤，因雨天路滑被机动车碰撞摔倒。这类事故既让职工身体承受痛苦，也可能给企业带来赔付压力，干扰正常的生产秩序。

13. 造成事故的不安全行为与不安全心理

（1）不安全行为

一般来说，凡是能够或可能导致事故发生的人为错误均属于不安全行为。《企业职工伤亡事故分类》（GB 6441—1986）中规定的十三大类不安全行为如下：

1）操作错误，忽视安全，忽视警告；

2）造成安全装置失效；

3）使用不安全设备；

4）手代替工具操作；

5）物体（指成品、半成品、材料、工具、切屑和生产用品等）存放不当；

6）冒险进入危险场所；

7）攀、坐不安全位置（如平台护栏、汽车挡板、吊车吊钩等）；

8）在起吊物下作业、停留；

9）机器运转时从事加油、修理、检查、调整、焊接、清扫等工作；

10）分散注意力的行为；

11）在必须使用个人防护用品的作业或场合中，忽视其使用；

12）不安全装束；

13）对易燃、易爆等危险物品处理错误。

（2）不安全心理

根据大量的工伤事故案例分析，导致职工发生职业伤害事故最常见的不安全心理主要有以下6种：

1）自我表现心理——"虽然我进厂时间短，但我年轻、聪明，干这活儿不在话下。"

2）经验心理——"多少年一直都是这样干的，干了多少遍了，不会有问题。"

3）侥幸心理——"完全照操作规程做太麻烦了，变通一下也不一定会出事吧。"

4）从众心理——"他们都没戴安全帽，我也不戴了。"

5）逆反心理——"凭什么听班长的呀？今天我就这么干，我就不信会出事。"

6）反常心理——"早上孩子肚子疼，自己去了医院，也不知道是什么病，真担心。"

案例解读

某日，某厂生产一班皮带操作工张某、和某两人负责打扫4号给矿皮带附近的场地，清理积矿。张某清扫完非人行道上的积矿后，准备到人行道上帮助和某清扫。为图方便，张某拿着1.7 m长的铁铲违章从4号给矿皮带与5号给矿皮带之间穿越（当时，4号给矿皮带正以2 m/s的速度运行，5号给矿皮带已停运）。此时，张某手里拿的铁铲触及4号给矿皮带的张紧轮，铁铲和人一起被卷到了皮带张紧轮上。铁铲的木柄被折成两段弹了出去，而张某的头部被顶在张紧轮外的支架上，在高速运转的皮带挤压下，导致其头骨破裂，当场死亡。

这起事故的直接原因是张某安全意识淡薄，自我保护意识极差，严重违反了皮带操作工安全操作规程中关于"严禁穿越皮带"

的规定。事后据调查,张某曾多次违章穿越皮带,属于习惯性违章。正是他的违章行为,导致了这起人员死亡事故的发生。

这起事故警示我们,企业应设置有效的安全防护设施,提高设备的本质安全水平。同时,对职工要加强教育,增强其安全意识,杜绝造成事故的不安全行为和不安全心理。

14. 安全生产教育和培训

《中华人民共和国安全生产法》第二十八条规定,生产经营单位应当对从业人员进行安全生产教育和培训,保证从业人员具备必要的安全生产知识,熟悉有关的安全生产规章制度和安全操作规程,掌握本岗位的安全操作技能,了解事故应急处理措施,知悉自身在安全生产方面的权利和义务。未经安全生产教育和培训合格的从业人员,不得上岗作业。

（1）安全生产教育和培训的对象

1）生产经营单位应当进行安全生产教育和培训的对象包括主要负责人、安全生产管理人员、特种作业人员和其他从业人员。

2）生产经营单位使用被派遣劳动者的，应当将被派遣劳动者纳入本单位从业人员统一管理，对被派遣劳动者进行岗位安全操作规程和安全操作技能的教育和培训。劳务派遣单位应当对被派遣劳动者进行必要的安全生产教育和培训。

3）生产经营单位接收中等职业学校、高等学校学生实习的，应当对实习学生进行相应的安全生产教育和培训，提供必要的个人防护用品。学校应当协助生产经营单位对实习学生进行安全生产教育和培训。

（2）安全生产教育和培训的核心目的

1）统一思想，提高认识。通过安全生产教育和培训，把职工的思想统一到"安全第一、预防为主、综合治理"的方针上来，使生产经营管理者和各级领导真正把安全摆在"第一"的位置，在从事生产经营管理活动中坚持"五同时"（即在计划、布置、检查、总结、评比生产工作的同时计划、布置、检查、总结、评比安全工作）的基本原则；使广大职工认识到安全生产的重要性，从"要我安全"变为"我要安全""我会安全"，做到"三不伤害"（即不伤害自己、不伤害他人、不被他人所伤害），提高自觉抵制"三违"（即违章指挥、违章操作、违反劳动纪律）的能力。

2）提高企业的安全生产管理水平。安全生产管理包括对全体职工的安全生产管理，对设备、设施的安全技术管理和对作业环境的劳动卫生管理。通过安全生产教育和培训，提高各级领导干部的安全生产政策执行水平，掌握有关安全生产法律法规、制度，学习应用先进的安全生产管理方法、手段，提高全体职工在各自工作范围内对设备、设施和作业环境的安全生产管理能力。

3）提高全体职工的安全知识和安全技能水平。安全知识包括对生产活动中存在的各类危险因素和危险源的辨识、分析、预防、控制等知识，安全技能包括安全操作的技巧、紧急状态的应变能力以及事故状态的急救、自救和处理能力。通过安全生产教育和培训，使广大职工掌握安全生产知识，提高安全操作水平，发挥自防自控的自我保护及相互保护作用，从而有效地防止事故发生。

（3）安全生产教育和培训的内容

安全生产教育和培训的内容主要包括思想教育、法治教育、知识教育和技能训练。

1）思想教育主要是安全生产方针政策教育、形势任务教育和重要意义教育等。通过形式多样、丰富多彩的安全生产教育和培训，使各级经营管理者牢固地树立起"安全第一"的思想，正确处理各自业务范围内的安全与生产、安全与效益的关系；主动采取事故预防措施；提升安全意识，激励安全动机，自觉采取安全行为。

2）法治教育主要是法律法规教育、执法守法教育、权利义务教育等。通过法治教育，使企业的各级管理者和全体职工知法、懂法、守法，以法规为准绳约束自己，履行自己的义务，以法律为武器维护自己的权利。

3）知识教育主要是安全生产管理、安全技术和劳动卫生知识教育。通过知识教育，使企业的各级生产经营管理者了解和掌握安全生产规律，熟悉自己业务范围内必需的安全生产管理理论和方法及相关的安全技术、劳动卫生知识，提高安全管理水平；使全体职工掌握各自必要的安全技术，提高企业的整体安全素质。

4）技能训练主要是针对各个不同岗位或工种的职工所必需的安全生产方法和手段的训练，如安全操作技能训练、危险预知训练、紧急状态事故处理训练、自救互救训练、消防演习、逃生避险训练等。通过技能训练，使职工掌握必备的安全生产技能与技巧。

15. 安全生产规章制度

（1）安全生产规章制度的定义

安全生产规章制度是指生产经营单位依据有关法律法规、国家和行业标准，结合生产经营过程中的安全生产实际，以生产经营单位名义起草颁发的有关安全生产的规范性文件，一般包括规程、标准、规定、措施、办法、制度、指导意见等。

安全生产规章制度是生产经营单位落实有关安全生产法律法规、国家和行业标准，贯彻国家安全生产方针政策的行动指南，有效防范生产经营过程中安全生产风险，保障从业人员安全和健康，加强安全生产管理的重要措施。

（2）建立安全生产规章制度的意义

生产经营单位必须依法建立健全以安全生产责任制为核心的安全生产管理规章制度体系。安全生产规章制度是生产经营单位规章制度的重要组成部分，是有关法律、法规、标准在生产经营单位安全生产中的具体落实，是统一全体从业人员从事安全生产的行为准则。因此，一切生产经营单位都必须建立健全一整套既符合有关法律、法规、标准，又符合生产经营单位生产经营管理实际的安全生产规章制度。

建立健全安全生产规章制度是生产经营单位安全生产的重要保障。生产经营单位需要对生产工艺过程、机械设备、人员操作进行系统分析、评价，制定出一系列的操作规程和安全控制措施，以保障生产经营工作合法、有序、安全地运行，将安全风险降到最低。在长期的生产经营活动中，生产经营单位积累了大量的安全风险防范措施，这些措施只有形成安全生产规章制度，才能有效地得到继承和发扬。

建立健全安全生产规章制度是生产经营单位保护从业人员安全与健康的重要手段。只有通过安全生产规章制度的约束，才能防止生产经营单位安全生产管理的随意性，才能使从业人员进一步明确自己的安全生产义务，有效地保障从业人员的合法权益。同时，也为从业人员在生产经营过程中遵章守纪提供明确的标准和依据。

（3）安全生产规章制度的主要内容

一般生产经营单位制定的安全生产规章制度的主要内容包括安全生产教育和培训制度、安全检查制度、安全生产奖惩制度、事故的报告和处理制度、个人防护用品管理制度、设备安全管理制度、危险作业管理制度、安全操作规程等。特殊或专项作业项目的安全生产规章制度可结合项目自身要求加以制定。

16. 作业现场安全信息

（1）安全色

安全色是指传递安全信息含义的颜色，包括红色、黄色、蓝色、绿色4种颜色。它以醒目的色彩向人们提供禁止、警告、指令、提示等安全信息。

1）红色传递禁止、停止、危险或提示消防设备、设施的信息。禁止使用、停止使用和有危险的器件设备或环境涂以红色的标记，如禁止标志、交通禁令标志、消防设备等。

2）黄色传递注意、警告的信息。需警告人们注意的器件、设备或环境涂以黄色标记，如警告标志、交通警告标志等。

3）蓝色传递必须遵守规定的指令性信息，如必须佩戴个人防护用品标志、交通指示标志等。

4）绿色传递安全的提示性信息。可以通行或安全的情况涂以绿色标记，如允许通行标志、机器启动按钮、安全信号旗等。

（2）对比色

对比色是为了使安全色更加醒目所用的反衬色。

对比色有黑和白两种颜色。黄色安全色的对比色为黑色，红色、蓝色、绿色安全色的对比色均为白色，而黑、白两色互为对比色。

1）黑色用于安全标志的文字、图形符号，警告标志的几何边框和公共信息标志等。

2）白色既可作为安全标志中红、蓝、绿安全色的背景色，也可用于安全标志的文字和图形符号，以及安全通道、交通的标线、铁路站台上的安全线等。

3）红色与白色相间的条纹比单独使用红色更加醒目，表示禁止通行、禁止跨越等，用于公路交通等方面的防护栏杆及隔离墩。

4）黄色与黑色相间的条纹比单独使用黄色更为醒目，表示要特别注意，用于起重吊钩、剪板机压紧装置、冲床滑块等。

5)蓝色与白色相间的条纹比单独使用蓝色更为醒目,用于指示方向,多为交通指导性导向标。

(3)安全线

安全线是指工矿企业中用以划分安全区域与危险区域的分界线。厂房内安全通道的标示线、铁路站台上的安全线都是常见的安全线。在生产过程中,有了安全线的标示,人们就能区分安全区域和危险区域,有利于人们对危险区域的认识和判断。

(4)安全标志

安全标志由图形符号、安全色、几何形状(边框)或文字构成,用以表达特定的安全信息。使用安全标志的目的是提醒人们注意不安全因素,防止事故发生,起到保障安全的作用。当然,安全标志本身并不能消除任何危险,也不能取代预防事故的相应设施。

1)安全标志的类型。安全标志分为禁止标志、警告标志、指令标志和提示标志四大类。

①禁止标志是禁止人们不安全行为的图形标志。其基本形式为带斜杠的圆边框。圆环和斜杠为红色,图形符号为黑色,衬底为白色。

禁止跨越

禁止吸烟

禁止饮用

②警告标志是提醒人们注意周围环境,以避免可能发生危险的图形标志。其基本形式是正三角形边框。三角形边框及图形为黑色,衬底为黄色。

当心火灾　　　　　注意安全　　　　　当心触电

③指令标志是强制人们必须作出某种动作或采用防范措施的图形标志。其基本形式是圆形边框。图形符号为白色，衬底为蓝色。

必须戴安全帽　　　必须戴防尘口罩　　　必须系安全带

④提示标志是向人们提供某种信息的图形标志。其基本形式是正方形边框。图形符号为白色，衬底为绿色。

避险处　　　　　　紧急出口　　　　　　可动火区

2）使用安全标志的相关规定。在有较大危险因素的生产经营场所或者有关设施设备上，必须依法设置明显的安全标志，以提醒、警告职工，使他们能时刻清醒地认识到所处环境的危险，提高注意力，加强自身安全保护。

在设置安全标志方面，我国已有诸多相关法律法规。如《中华人民共和国安全生产法》规定，生产经营单位应当在有较大危险因素的生产经营场所和有关设施设备上，设置明显的安全警示标志。安全标志必须符合国家标准。设置的安全标志，未经有关部门批准，不准移动和拆除。

17. 职业病的特点与分类

（1）职业病的特点

1）职业病的病因是明确的，即由于劳动者在职业活动过程中长期受到来自化学、物理、生物的职业病危害因素的侵害，或长期受不良的作业方法、恶劣的作业条件的影响。这些因素及影响对职业病的发生，直接或间接地、个别或共同地发生作用。例如，职业性苯中毒是劳动者在职业活动中接触苯引起的；尘肺是劳动者在职业活动中吸入相应粉尘引起的。

2）疾病发生与劳动条件密切相关。职业病的发生与生产环境中有害因素的数量或强度、作用时间、劳动强度及个人防护等因素密切相关。例如，急性中毒的发生，多由短期内大量吸入毒物引起；慢性职业中毒，则多由长期吸收较少量的毒物蓄积引起。

3）所接触的病因大多是可以检测的，并且其浓度或强度需要达到一定的程度，才能使劳动者致病，一般接触职业病危害因素的浓度或强度与病因有直接关系。

4）职业病不同于突发性事故或疾病，其病症要经过一个较长的逐渐形成期或潜伏期后才能显现，属于缓发性伤残。

5）职业病具有群体性发病特征，在接触同样有害因素的人群中，多是同时或先后出现一批相同的职业病患者，很少出现仅有个别人发病的情况。

6）由于职业病多表现为体内生理器官或生理功能的损伤，因而是只见"病症",不见"伤口"。

7) 大多数职业病如能早期诊断、及时治疗、妥善处理,则预后较好。但有的职业病(如矽肺、煤工尘肺等)属于不可逆性损伤,很少有痊愈的可能,只能对症处理、减缓进程,故发现越晚,疗效越差。

8) 除职业性传染病外,治疗个体无助于控制人群发病,必须有效"治疗"有害的工作环境。从病因上来说,职业病是完全可以预防的,发现病因,改善劳动条件,控制职业病危害因素,即可减少职业病的发生。

9) 在同一生产环境从事同一工种的人群中,个体发生职业性损伤的概率和程度也有差别。

10) 职业病的范围日趋扩大。随着科学技术进步和国家经济实力的提高,越来越多的职业病将被发现,因此《职业病分类和目录》将被逐步调整。

(2) 职业病的分类

2024年12月11日,国家卫生健康委、人力资源社会保障部、国家疾控局、全国总工会联合调整《职业病分类和目录》,自2025年8月1日起实施。新版目录将职业病分为12类135种,具体包括:职业性尘肺病及其他呼吸系统疾病(尘肺病13种,其他呼吸系统疾病6种),职业性皮肤病(9种),职业性眼病(3种),职业性耳鼻喉口腔疾病(4种),职业性化学中毒(59种),物理因素所致职业病(7种),职业性放射性疾病(13种),职业性传染病(5种),职业性肿瘤(11种),职业性肌肉骨骼疾病(2种),职业性精神和行为障碍(1种),其他职业病(2种)。

18. 职业病危害因素

（1）职业病危害因素的来源

1）生产工艺过程。职业病危害因素随着生产技术、机器设备、使用材料和工艺流程变化不同而变化，如与生产过程有关的原材料、工业毒物、粉尘、噪声、振动、高温、辐射及传染性因素等有关。

2）劳动过程。职业病危害因素与生产工艺的劳动组织情况、生产设备布局、生产制度与作业人员体位和方式以及智能化的程度有关。

3）作业环境。职业病危害因素与作业场所的环境有关，如室外不良气象条件，以及室内厂房狭小、车间位置不合理、照明不良与通风不畅等因素，都会对作业人员产生影响。

（2）职业病危害因素分类

2015年，国家卫生计生委、国家安全监管总局、人力资源社会保障部和全国总工会联合发布的《职业病危害因素分类目录》将职业病危害因素分为六大类，包括粉尘（共52种）、化学因素（共375种）、物理因素（共15种）、放射性因素（共8种）、生物因素（共6种）、其他因素（共3种），具体内容可查阅该目录。

19. 职业健康监护

（1）职业健康监护概念

职业健康监护属于二级预防范畴，目的是通过早期检查、早期发现疾病，及时采取预防措施。职业健康监护的定义为：以预防为目的，根据劳动者的职业接触史，通过定期或不定期的医学健康检查和健康相关资料的收集，连续性地监测劳动者的健康状况，分析劳动者健康变化与所接触的职业病危害因素的关系，并及时地将健康检查和资料分析结果报告给用人单位和劳动者本人，以便及时采取干预措施，保护劳动者健康。职业健康监护主要包括职业健康检查离岗后健康检查、应急健康检查和职业健康监护档案管理等内容。

（2）职业健康监护的目的

1）早期发现职业病、职业健康损害和职业禁忌证。

2）跟踪观察职业病及职业健康损害的发生、发展规律及分布情况。

3）评价职业健康损害与作业环境中职业病危害因素的关系及危害程度。

4）识别新的职业病危害因素和高危人群。

5）进行目标干预，包括改善作业环境条件，改革生产工艺，采用有效的防护设施和个人防护用品，对职业病患者及疑似职业病和有职业禁忌证人员的处理与安置等。

6）评价预防和干预措施的效果。

7）为制定或修订卫生政策和职业病防治对策服务。

（3）职业健康检查

职业健康检查包括上岗前、在岗期间、离岗时职业健康检查。

1）上岗前职业健康检查。上岗前职业健康检查的主要目的是发现有无职业禁忌证，建立接触职业病危害因素人员的基础健康档案。上岗前健康检查均为强制性职业健康检查，应在开始从事有害作业前完成。下列人员应进行上岗前健康检查：①拟从事接触职业病危害因素作业的新录用人员,包括转岗到该种作业岗位的人员;②拟从事有特殊健康要求作业(如高处作业、电工作业、职业机动车驾驶作业等)的人员。

2)在岗期间职业健康检查。长期从事规定的需要开展健康监护的职业病危害因素作业的劳动者,应进行在岗期间的定期健康检查。定期健康检查的目的主要是早期发现职业病病人或疑似职业病病人或劳动者的其他健康异常改变;及时发现有职业禁忌证的劳动者;通过动态观察劳动者群体健康变化,评价工作场所职业病危害因素的控制效果。定期健康检查的周期根据不同职业病危害因素的性质、工作场所有害因素的浓度或强度、目标疾病的潜伏期和防护措施等因素决定。

3)离岗时职业健康检查。劳动者在准备调离或脱离所从事的职业病危害的作业或岗位前,应进行离岗时健康检查,主要目的是确定其在停止接触职业病危害因素时的健康状况。如最后一次在岗期间的健康检查是在离岗前的90日内,可视为离岗时检查。

(4)离岗后健康检查

一些职业病危害因素具有慢性健康影响,所致职业病或职业肿瘤常有较长的潜伏期或潜隐期,故劳动者脱离接触后仍有可能发生职业病。离岗后健康检查时间的长短应根据有害因素致病的流行病学及临床特点、劳动者从事该作业的时间长短、工作场所有害因素的浓度等因素综合考虑确定。

(5)应急健康检查

当发生急性职业病危害事故时,根据事故处理的要求,对遭受或者可能遭受急性职业病危害的劳动者,应及时组织健康检查。依据检查结果和现场劳动卫生学调查,确定危害因素,为急救和治疗提供依据,控制职业病危害的继续蔓延和发展。应急健康检查应在事故发生后立即开始。

从事可能产生职业性传染病作业的劳动者,在疫情流行期或近期密切接触传染源者,应及时开展应急健康检查,随时监测疫情动态。

相关链接

职业病的"三级预防"的内容如下。

一级预防又称病因预防,是从根本上消除或控制职业病危害因素对人的作用和损害,即改进生产工艺和生产设备,合理利用防护设施及个人防护用品等,以减少或消除劳动者接触职业病危害因素的机会。

二级预防是早期检测和诊断人体受到职业病危害因素所致的健康损害并予以早期治疗、干预。其主要手段是定期进行职业病危害因素的识别与检测、对劳动者进行定期职业健康检查、加强新型生物监测指标的应用以及推进职业病的诊断和鉴定等，以早期发现病损和诊断疾病，特别是早期健康损害的发现，及时预防、处理。

三级预防是指在劳动者患职业病以后，给予积极治疗和促进康复的措施，包括：对已有健康损害的接触者应调离原有工作岗位，并给予合理的治疗；对生产环境和工艺过程进行改进；促进患者康复，预防并发症的发生和发展。

第3章 矿山工伤事故预防

20. 煤矿井下自然灾害

煤矿井下公认的六大自然灾害包括：瓦斯、水害、火灾、煤尘爆炸、冒顶以及冲击地压（矿山地震）。

（1）瓦斯

1）性质：无色、无味、无臭的气体。

2）来源：采落的煤炭、顶板或底板的岩石、采空区、邻近煤层。

3）危害：降低环境空气中的氧含量，导致人员缺氧窒息；在一定条件下，可能发生燃烧或爆炸，造成人员伤害；瓦斯密度为空气的一半，易积聚在巷道顶部，不易通风去除。

（2）水害

1）水源：地表水、含水岩层水、断层水、老空积水、岩溶水、封闭不良钻孔水。

2）原因：地面防洪、防水措施失效；水文地质情况不明，接近水体时未严格执行探水制度，或探水措施不到位；积水巷道位置测量错误；乱采乱掘破坏防水煤柱或岩柱；工程质量低劣，井巷严重冒顶导致与含水层、老空水或地表水贯通；管理不善，井下无防水闸门或防水闸门质量低劣；排水能力不足或机电事故影响。

（3）火灾

1）火灾发生的条件：可燃物、引火热源、助燃物（如氧气等）。

2）分类：外因火灾，即由外来热源引起的火灾（如瓦斯、煤尘爆炸引发）；内因火灾，即由煤的自燃引发的火灾。

3）易发自燃的地点：多发生在回采工作面开采线、回采线上下煤柱线、进风道、回风道、采空区、巷道冒高处、老窑与地面沟通处等留有煤柱或浮煤的区域。

4）危害：产生大量有害气体，威胁人员的生命安全；可能引发瓦斯、煤尘爆炸；产生火风压，造成巷道风流紊乱，甚至导致井巷的风流逆转，扩大受灾范围并使灭火人员陷入危险；可能形成再生火源。

（4）煤尘爆炸

1）分类：浮尘和落尘。

2）煤尘爆炸三大条件：①煤尘本身具有爆炸性；②悬浮于空气中的煤尘达到一定浓度；③存在足以点燃煤尘的热源。

（5）冒顶

1）易发地点：两线（放顶线、煤壁线）、两口（工作面上出口、下出口）以及地质构造变化区域。

2）冒顶事故分类如下。

①局部冒顶，是指范围较小，通常在 3~5 组支架范围内，造成的伤亡人数较少的冒顶事故。

②大型冒顶，是指范围较大，造成的伤亡人数较多（每次死亡 3 人以上）的冒顶事故。

③压垮型冒顶，是指因支护强度不足，顶板来压时压垮支架造成的冒顶事故。

④漏垮型冒顶，是指由于顶板破碎、支护不严，导致破碎顶板岩石冒落的冒顶事故。

⑤推垮型冒顶，是指因复合型顶板水平推力作用，使支架大量倾斜而引发的冒顶事故。

3）冒顶的预兆：顶板、支架及棚子、煤壁等处出现异常声响。

（6）冲击地压（矿山地震）

在矿井深处，周围岩石压力过大，可能导致岩层突然断裂，引发地震，对矿井设施和人员安全构成威胁。

21. 冒顶片帮工伤事故预防

冒顶片帮是指井下开采或支护不当，导致顶部或侧壁大面积垮塌而造成的伤害事故。在矿井作业面，巷道侧壁在岩石应力作用下发生变形破坏并脱落的现象称为片帮，而顶部垮塌则称为冒顶。冒顶片帮是井下开采中最常发生的事故之一，多发于掘进工作面、巷道开岔或贯通处、大断面硐室、破碎带、采矿场、岩石节理发育场所等。冒顶片帮的危害主要表现为岩石局部冒落或垮落，其后果是砸伤和埋压作业人员，容易造成伤亡事故。

冒顶片帮大多数是由局部冒落及浮石引起的，而大规模冒顶片帮事故相对较少。

（1）引发冒顶片帮事故的原因

1）采矿方法不合理和顶板管理不善、采掘程序不当、凿岩爆破等作业不规范。

2）支护方式不当、不及时支护或支护质量与顶板压力不相适应等。

3）检查不周、疏忽大意。

4）没有进行敲帮问顶的细致全面检查，没有掌握浮石情况，处理浮石操作不当，违反操作规程。

5）地质矿床等自然条件不好。

6）地压活动。

（2）预防冒顶片帮工伤事故的主要措施

1）认真编制并严格执行采区设计方案和工作面作业规程。

2）采取有效支护措施，提高支护质量，确保工作面支护系统具有足够支撑力和可缩量。

3）严格执行敲帮问顶制度，准确识别和处理围岩来压情况。

4）及时回柱放顶，使顶板充分垮落。

5）在特殊条件下，应采取有针对性的安全措施，如爆破措施、支护措施、背顶措施和回柱措施等，以防止冒顶事故发生。

6）进行矿压预测预报，掌握顶板压力分布和来压规律，注重对冲击地压的预防。

7）严格按设计控制采高和控顶距。

8）在维修井巷时，应认真做好支架的撤换工作。

（3）大规模冒顶事故的预防措施

1）回采工作面应适当加大支护密度。通过增加支护密度以加强工作面的总支撑力，其目的是减少顶板下沉量。下沉量小，顶板就比较完整，可减少或消除冒顶事故。然而，支架过多会增加架设和回收的工作量，使工作面空间变得狭小，给岗位操作带来不便。总支撑力的大小要根据实际情况而定，一般设计值可比计算值略高一些。

2）掌握顶板周期来压规律。在工作中应探索顶板地压规律。如果支架总支撑力只能适应当时的顶板压力，当周期来压时就会发生危险。因此，在周期来压前应加强支护，增加支架。

3）加快工作面推进速度。工作面推进速度越慢，顶板下沉量就越大。若遇顶板不完整，木支架折损就多。使用金属支架时，工作面的总支撑力相对增大，比较容易推进工作面。因此，在需要加快工作面推进速度时，可尽量使用金属支架，以相对增大总支撑力。

4）保证支架的规格和质量。冒顶与支架规格和质量有直接关系。在具体工作中，应解决支架"顶不紧"、"抗不住"、起不到支撑作用的问题，使用的支架必须符合安全生产相关标准中工艺条件的质量要求。

（4）局部冒顶事故的预防措施

1）选择合理的支护方式。针对不同岩石性质的顶板，应采用不同的支护方式。例如，坚硬顶板可采用锚杆或带帽锚杆支护，破碎的顶板则需要使用连锁棚架，并在棚架上插入背板。

2）回采后应及时支护。采用空场采矿法时，顶板暴露面积较大，因此，应严格按照设计要求留下矿柱或采用打临时锚杆的办法及时支护。

3）回采和支护工作必须严格按照操作规程和作业程序进行，不得违章操作或偷工减料。

22. 炮烟中毒窒息工伤事故预防

地下矿山采掘作业中，需使用炸药进行爆破作业，以开拓井巷或爆破采矿。爆破时会产生大量炮烟，炮烟中含有有毒有害气体，其主要成分包括一氧化碳、二氧化碳、氢气、一氧化氮、氰化氢、甲烷、氨气、二氧化硫、二氧化氮、硫化氢等，这些气体对人体的危害性极大。当人体吸进一定量的炮烟有毒气体后，轻则引起头痛、心悸、呕吐、四肢无力、晕厥，重则导致痉挛、呼吸停顿，甚至死亡。

（1）引起炮烟中毒与窒息的原因

1）通风设计不合理，导致炮烟长时间在作业面滞留；独头掘进巷道缺乏有效的局部机械通风，或通风系统未实现新风有来路、污风有出路的循环，或通风时间不足等。

2）警戒标志设置不合理或没有标志，可能导致人员意外进入通风不畅、未封闭的盲巷、采空区、废弃硐室等高风险区域。

3）由于意外的风流短路、停风或主机械通风未开启，人员意外进入炮烟污染区并长时间停留。

（2）预防炮烟中毒窒息事故的主要措施

1）技术措施。减少或消除炸药爆破炮烟中有毒气体的产生，是防止炮烟中毒的根本措施，具体措施包括以下3个方面。

①炮烟消除技术措施。优选炸药品种，严格控制一次起爆药量。在井巷爆破掘进过程中，应根据工作面的实际情况选择炸药品种。例如，井巷工作面存在积水时，应选用抗水型炸药，防止炸药受潮影响爆炸的稳定传播，从而产生大量有毒气体；对于低温冻结井施工，应选用防冻型炸药，否则炸药会因不完全爆炸产生大量有毒气体；爆破产生的有毒气体量与炸药用量成正比，因此，严格控制一次起爆药量可以有效降低有毒气体生成量。

②物理化学方法。一是合理使用水炮泥。用水炮泥代替泥土，炮烟中的二氧化碳、一氧化碳、二氧化氮等含量均可大大降低。二是水炮泥中添加抑制剂。选择使用在1%碱液中添加二氧化锰形成的胶质悬浮物液体，装在聚乙烯袋中用作炮泥，能显著降低炮烟中的有毒气体；或者用次氯酸钾和过氧化氢（1∶12）溶液作为氧化液，放在聚乙烯袋中置于炮药和炮泥之间，以消除炮烟中的一氧化碳和二氧化氮两种气体。

③炮烟净化技术措施。一是选用中和剂。在爆破后的工作面巷道

中使用压缩机喷射筛过的熟石灰，以中和并消除二氧化氮。二是采用气体净化装置。采用带空气过滤器的气体净化装置，过滤器中装有粒度为 3 mm 的霍加拉特（主要成分为二氧化锰氧化铜）及粒度为 3~5 mm 的碱石灰。将气体净化装置放置于工作面上并开动风机，使炮烟中的一氧化碳和二氧化氮与过滤器里的化学药剂发生反应，生成二氧化碳而被吸收。

2）工程措施。

①对地下矿山进行通风系统优化改造。根据通风阻力测定结果，结合每个采掘工作面的需风量情况，优化通风系统。

②炮烟监测预警工程。按照《金属非金属地下矿山监测监控系统建设规范》（AQ 2031—2011）的要求，为每个班组配置便携式气体检测报警仪，并建设有毒有害气体在线监测系统。

3）管理措施。

①加强爆破技术管理。爆破作业人员应严格按照规定时间进行放炮作业，其他作业人员必须在规定的放炮时间内撤离危险区。同时，要加强炸药运输和储存的管理，确保炮孔堵塞长度和堵塞质量符合标准，积极采用水封爆破或放炮喷雾技术，使用反向起爆方式。

②加强爆破警戒。严格按照爆破规程的规定进行警戒，确保所有通往爆破作业面的通道都悬挂警戒标志，并安排人员站岗警戒。警戒人员必须在爆破前对所有可能受到爆破影响的区域及相邻作业面进行清岗。

③严格规范爆破组织措施。当两人及两人以上进行爆破作业时，应指定负责人，负责了解和掌握爆破作业点与周围作业面的相互关系，互相协调，并制定稳妥的安全措施和组织措施。若与相邻作业面

同时进行爆破作业,必须协调好爆破时间,防止相互影响导致事故发生。

④加强安全培训。应持续加强爆破技术和安全技术培训,不断提高爆破人员的专业素质以及井下作业人员的自我防护能力。

⑤个体防护。鉴于地下矿井生产的特殊性,入井人员必须随身携带过滤式自救器。

23. 矿井火灾工伤事故预防

火灾是指在时间或空间上失去控制的燃烧现象所造成的灾害,容易导致重特大事故的发生。火灾多发于存有易燃易爆物品的地点、电气设备的配电房以及电缆电线密集经过的区域等。矿井火灾不仅会烧毁大量设备,还会产生大量有害有毒气体,严重威胁作业人员的生命安全,导致他们受伤或死亡。

矿井火灾发生的主要原因包括在危险区域违规使用明火,以及电气设备电路维护不当、过负荷运行或发生短路等。

(1)矿井火灾一般预防技术措施

1)井筒、井底车场、主要巷道和硐室等重要区域应采用不燃性材料进行支护。

2)设置消防材料库。

①地面消防材料库应设置在井口附近,并应有道路或铁路直通井口,但严禁将其设置在井口房内。

②井下消防材料库应合理布局,每个生产水平的井底车场或主要运输大巷中都应设有消防材料库。

③消防材料库内储存的材料、工具的种类和数量应由矿长确定，并指定专人进行定期检查和更换，同时，消防材料库内的物品严禁挪作他用。因处理火灾事故所消耗的材料，必须及时补齐。

3）设置防火门。为了避免地面火灾传入井下，应在进风井口和出风井口设置防火铁门。若无法设置防火铁门，则必须采取其他有效的防止烟火进入井筒的安全措施。

4）设置消防水池和井下防水管路系统，并确保其满足消防用水的需求。

5）禁止在井口与井下使用明火。

6）井下易燃的废弃物要及时运到地面指定场所。

7）井下进行焊接等作业时，要有专人监护防火，并暂停其他可能产生火花的作业。

8)严格定期对炸药库照明、防潮设施进行检查。

9)井下禁止使用电热器与灯泡取暖和烤物。

(2)矿井开采火灾预防技术措施

1)正确选择开拓系统和采煤方法。

2)采用集中岩巷布置并减少对煤层的切割。

3)提高回采率和加快回采速度。

4)易于隔离、有自然发火危险的煤层采空区应尽量进行封闭处理。

(3)矿井通风火灾预防措施

1)选择科学合理的通风系统。

2)实行分区通风。

3)运用调压方法减少采空区漏风。

4)预防性灌浆。

5)阻化剂防火。

24. 矿山爆破工伤事故预防

爆破作业是一项高危作业,作业过程中可能会发生炸药爆炸和各类爆破事故,包括早爆、迟爆、拒爆,以及爆炸冲击波、爆破飞石、爆破震动等,这些都极易造成安全事故。爆破事故在矿山井下开采中危害性极大,一般发生在采场、掘进工作面、二次破碎作业点,以及炸药库、炸药搬运过程中。

(1)爆破事故的主要危害

1)爆炸伤、灼伤以及炮烟中毒。

2）爆破产生的震动、冲击波、飞石等对人员、设备设施、构筑物等会造成较大的伤害和损坏，易引发群死群伤事故。

3）炸药爆炸时，大量炸药颗粒或粉尘可能喷出，进入眼睛造成伤害。

（2）早爆原因及事故预防措施

早爆是指爆炸材料比预定起爆时间提前爆炸的现象。早爆事故发生的原因很多，如爆破器材质量不合格（如导火索燃速不稳定），杂散电流、静电感应、雷电、射频感应电等的存在，以及高温或高硫矿区炸药可能发生的自燃起爆、误操作等。针对早爆事故的预防措施如下。

1）采用电雷管起爆方式时，必须事先对爆区进行杂散电流测定，以掌握杂散电流的变化和分布规律。之后，采取措施预防和消除杂散电流的危害，若无法消除较大的杂散电流，则应采用非电起爆方式。

2）预防静电引起早爆事故的主要措施包括：采用半导体输药管以减少静电产生，并确保可能产生的静电随时导入大地；使用抗静电雷管，并用半导体塑料塞代替绝缘塞，同时裸露一根脚线使之与金属导体接触。

3）在进行电起爆作业时，应考虑爆区附近有无射频感应电的干扰。射频感应电的功率、频率、波长不同，对电雷管或爆破网路的影响程度也有所不同。

4）预防雷电早爆事故的方法包括：雷雨天气禁止用电起爆方式，而应采用非电起爆方式；装药后，如遇雷雨天气，应尽量缩短作业时间，并尽快完成起爆；采用雷电报警器预报雷击征兆；在电爆网路附近的金属物应预先拆除；爆区位于多雷雨地区，应设置避雷针系统或雷电消散塔。

（3）迟爆产生原因及事故预防措施

迟爆是指在预定爆炸时间之后意外发生的爆炸。迟爆事故时有发生，其危害较大。爆破器材质量不合格是产生迟爆的主要原因之一。为了预防迟爆事故，应确保爆破器材的生产或加工质量符合标准，并在使用前认真检查。炮响后，必须按照安全规程规定的时间等待，并确保井下进行有效通风后才可进入爆破地点。采用双路并联引爆系统可在一定程度上减少迟爆事故的发生。

（4）拒爆产生原因及事故预防措施

通电起爆后，工作面的雷管全部或部分不爆称为拒爆。在矿井爆破作业时，拒爆的产生主要受爆破器材、爆破工艺及操作技术等因素的影响，具体原因主要表现在雷管质量、起爆电源稳定性、电起爆网路的连接等方面。

针对以上拒爆产生的原因分析,可从以下4个方面预防拒爆的产生。

1）优选爆破材料。应使用合格的电雷管,严禁不同厂家生产的不同种类和不同性能参数的电雷管掺混使用。同时,禁止使用过期失效和变质的雷管和炸药,并定期抽查检测雷管的起爆能力。

2）加强电雷管检测。在电雷管出库发放前,必须使用专用的电雷管检测仪对每个电雷管进行电阻检查,并按照电阻值大小进行编组,将电阻值相同或相近（电阻值相差在 0.2 Ω 以内）的电雷管编在同一个电起爆网路中,严禁将电阻值相差过大的电雷管混用。

3）正确选用发炮器。矿井下爆破作业必须选用防爆型发炮器,其额定功率必须满足一次放炮总个数的要求。考虑到环境条件和连线质量,一般建议起爆雷管的数目不超过额定值的80%。同时,对发炮器实行统一管理,包括统一收发、统一检测维修,并定期更换电池,确保其处于完好的工作状态,以保证其安全可靠。

4）进行爆破网路准爆电流的计算,注重电起爆网路的连接质量。电起爆网路的连接应符合设计要求,防止错连和漏连;接头应拧紧并保持清洁,防止油污和泥浆污染导致电阻增大;对于储存时间较长的雷管,需要刮去线头的氧化物和绝缘物,露出金属光泽;各裸露接头应彼此相间隔足够距离且不能触地;在潮湿或有水的环境中,应用防水胶布包裹;放炮母线应具有较大的抗拉强度和耐压性能,且电阻值要小。每次放炮前,放炮员都必须用电雷管检测仪对电起爆网路进行电阻检查,确保实测的总电阻值与计算值之差小于计算值的10%。经检查确认无误后,方可进行放炮。

25. 矿山触电工伤事故预防

矿山井下作业环境狭小、潮湿,容易发生触电事故。井下触电事故多为单相触电,即人体某一部分接触到带电物体,导致电流经过人体。这类触电事故多发于井下生产过程中使用的各种电气拖动设备、移动电气设备、手动电动工具、手持金属物件以及照明线路与照明器具等。触电造成的人体伤害主要分为电击与电伤两类。电击往往导致人员死亡,电伤则常发生在人体外部,如电弧灼伤、电流通过人体造成的局部伤害等。

(1)触电工伤事故的原因

1)矿山作业人员粗心大意、违章作业,违反安全操作规程。

2)带电作业安全措施不落实或监护不力。

3)送电开关无明确标识,元器件带电部位裸露,电气设备外壳破损或接地不良。

4)没有采用安全电压或降压变压器不符合安全要求。

5)设备本身存在破损漏电、接线错误等问题。

6)乱接乱拉电线,布线混乱、管理不善,电气设备超负荷运行,野蛮施工、强行用电。

7)设备线路陈旧,保护装置不完善或失效。

(2)预防矿山触电工伤事故的主要措施

1)加强电缆巡查,定期进行安全检测。

2)对有缺陷的电动设备拒绝安装使用。

3)非专业电工不得擅自安装电气设备。

4)加强手持电器等移动电气设备的管理和保养,系统安装漏电保护装置。

5）严格管理临时性用电，禁止乱接乱拉电线。

6）要求作业人员穿戴好绝缘防护用品，做好个体防护工作。

26. 矿山坍塌工伤事故预防

坍塌是指在外力或重力作用下，结构因超过自身强度极限或稳定性遭到破坏而造成的事故。在矿山井下开采中，坍塌事故时有发生，主要发生在采场悬空处，特别是在进行凿岩、支护等作业过程中。矿山坍塌事故主要是采场悬空处矿石或岩石在外力或重力作用下突然垮塌，导致作业人员被砸伤、埋压，进而引发伤亡事故。

（1）矿山坍塌事故的主要原因

1）矿山作业人员思想麻痹大意，在采场上方悬空作业时未采取必要且安全可靠的防范措施。

2）矿山作业人员安全意识淡薄，缺乏安全自保和互保能力。

3）矿山作业人员未严格遵守安全操作规程，未按规定的采矿顺序和方法进行作业。

（2）预防矿山坍塌事故的主要措施

1）在处理悬空区域时，必须先设稳固的支柱、搭设安全的平台，并确保矿山作业人员系好安全绳。矿山作业人员应站在平台上严格按照安全操作规程处理，严禁违章作业。

2）加强矿山作业人员的安全教育和培训，提高他们的安全意识和安全自保互保能力。

3）严格执行规定的采矿顺序和方法。

4）现场值班管理人员必须在现场督促安全措施切实落实到位。

27. 矿山提升工伤事故预防

井山提升过程中存在的主要事故危害包括松绳、断绳、跑车、过卷、坠车、坠罐等，这些事故常发生在竖井、斜井提升运输作业中。一旦发生矿山提升事故，其危害极大，可能造成停产、设备严重损坏，以及高处坠落和物体打击等严重后果，并导致作业人员受伤甚至死亡。

（1）矿山提升工伤事故的原因

1）提升司机或信号工在工作时注意力不集中。

2）钢丝绳因强度不够或负荷超限而断裂。

3）连接装置断裂。

4）制动装置失灵。

5）安全保护装置失效或未正确安装。

（2）预防矿山提升工伤事故的主要措施

1）提升司机与信号工应集中注意力，规范操作，增强责任心。

2）钢丝绳、连接装置、提升绞车、提升容器以及保险链等关键部件必须具备足够的安全系数。

3）提升容器与井壁、罐道梁之间以及两个提升容器之间应保持足够的间隙。

4）提升绞车和提升容器应配备可靠的安全保护装置。

5）电机车、架线、轨道等设备的选型应满足安全要求。

6）运送人员的机械设备应配备可靠的安全保护装置。

7）提升运输设备应配备灵敏可靠的信号装置。

8）提升系统必须配备能独立操控的工作制动和安全制动两套制动系统。

28. 矿山瓦斯和煤尘爆炸工伤事故预防

（1）瓦斯和煤尘爆炸产生的原因

1）瓦斯爆炸及其产生的原因。瓦斯爆炸是指瓦斯与空气混合后，在特定条件下遇高温热源所发生的链式氧化反应，伴有高温及压力（或压强）急剧上升的现象。瓦斯爆炸的发生必须同时具备以下3个条件。

①瓦斯浓度处于爆炸极限范围内。

②存在高于最低点燃能量的热源，且该热源存在的时间必须长于瓦斯的引火感应期。

③瓦斯与空气混合气体中的氧气含量充足。

第3章 矿山工伤事故预防

实际上,第三个条件在生产井巷中通常是满足的,因为空气中的氧气含量足够高。因此,预防瓦斯爆炸的措施在于防止瓦斯积聚和杜绝或限制高温热源的出现。在可能出现烟火的地点,当瓦斯浓度达到爆炸极限时,一旦遇到火源就可能引起爆炸。瓦斯爆炸事故大多发生在瓦斯煤层采掘工作面附近,尤其是在掘进工作面。

2)煤尘爆炸及其产生的原因。煤尘爆炸是煤尘在空气中被剧烈氧化的结果,其发生必须同时具备以下3个条件。

①煤尘本身具有爆炸性。

②煤尘必须悬浮于空气中,并达到一定的浓度(即爆炸极限)。

③存在能点燃煤尘的高温热源。

煤尘爆炸原因可归结为两个方面,即煤尘氧化面积增大和可燃性气体的作用。

（2）预防矿山瓦斯和煤尘爆炸的主要措施

1）要爱护监测监控设备。不能擅自调高监测探头的报警值，不能破坏瓦斯监测探头或用泥土、煤粉及其他物品将瓦斯监测探头封堵。

2）要自觉爱护井下通风设施。通过风门时，要立即随手关门，不能将两道风门同时打开，以免造成风流短路。发现通风设施破损、工作不正常或风量不足时，要及时报告，由专业人员修复处理。

3）局部通风机应由专人负责管理，其他人不可随意停开。

4）当采区回风巷、采掘工作面回风巷风流中的瓦斯体积分数超过1%或二氧化碳体积分数超过1.5%时，必须停止作业，并撤出超限区域作业人员。当采掘工作面及其他作业地点风流中、电动机或其开关安设地点附近20 m以内风流中的瓦斯体积分数达到1.5%时，同样必须停止作业，并撤出超限区域作业人员。

5）井下不能随意拆开、敲打、撞击矿灯，不准带电检修、搬迁电气设备，更不能使用明刀闸开关。

6）井下禁止吸烟和使用火柴、打火机等点火物品。

7）观察到有煤与瓦斯突出的征兆时，要立即停止作业，撤出作业地点作业人员，并报告有关部门。

8）要认真实施煤层注水、湿式打眼、使用水炮泥、喷雾洒水、冲洗巷帮等综合防尘措施。在井下工作时，要爱护防尘设备设施，不可随意拆卸、损坏。

29. 矿井水灾工伤事故预防

采矿过程中，一方面会揭露并破坏含水层、隔水层和导水断层，另一方面会引起围岩岩层移动和地表塌陷，这些变化会导致地下水或地表水向井筒或巷道涌入，这种现象被称为矿井涌水。当矿井涌水量超过矿井正常排水能力时，就会发生水灾。矿井水灾形成的基本条件是有充分水源和充水通道。矿井水灾一旦发生，很可能造成人员淹溺伤亡事故。

（1）矿井水灾发生的原因

1）地面防洪、防水措施不周密或执行不力，暴雨山洪冲破了防洪工程，致使地面水灌入井下。

2）水文地质条件了解不清。在井巷接近老空区、含水断层、陷落柱、强含水层等区域时，未事先进行探放水工作而盲目施工，就可能造成透水淹井事故或人员伤亡事故。

3）井巷位置设计不合理，过于接近强含水层等水源，施工后在

矿山压力和水压共同作用下，容易发生顶板、底板透水事故。

4）乱采乱掘，破坏防水煤柱、岩柱；或者由于施工质量低劣，如平巷掘进时腰线控制不当，忽高忽低，可能造成顶板塌落，甚至掘通强含水层导致透水。

5）积水巷道位置测量错误、资料遗漏或不准确，可能导致新掘巷道意外掘通老巷道，或者巷道掘进方向与探水钻孔方向偏离，超出了钻孔控制范围，从而可能掘透积水区。

6）井下未构筑防水闸门，或虽有防水闸门但未能在关键时刻及时关闭，在矿井发生透水时，防水闸门就不能起到堵截水的作用。

7）矿井排水能力不足。虽然井下水泵房在正常排水时排水能力有余，但在矿井透水时，涌水量大大超过其排水能力且持续时间长，采取临时措施也无法补救，最终导致矿井被淹没。

8）小矿与大矿之间边界不清。有的小矿越界开采，与大矿掘通，一旦小矿发生透水，就会造成大矿被淹的严重后果。

（2）常见的矿井水灾危害

1）在江、河、湖、海、水库等水体下进行采掘作业时，因雨季洪水暴发，水位高涨超出拦洪堤坝的承受能力或冲毁井口围堤，水直接由井口灌入矿井。

2）井筒在冲积层或强含水层中开凿时，如果事先不进行妥善处理，就会发生涌水现象，特别是当井筒穿越沙砾层时，水和沙会一齐涌出，严重时可能造成井壁坍塌、地面沉陷、井架偏斜，进而使掘进工作无法继续进行。

3）在顶板破碎的煤层中掘进时，因放炮作业不当或支护措施不力，容易发生冒顶事故。同时，若采煤工作面上防水煤柱尺寸不够，当冒落高度和导水裂缝与河、湖等地表水或强含水层相连通后,就会引发透水事故。

4)巷道掘进时若与断层另一强含水层沟通,就会造成突水。当断层带岩石破碎时,若破碎面或石灰岩裂隙熔岩发育程度较高,突水威胁则更大。

(3)预防矿井水灾事故的主要措施

矿井下的地质水文条件复杂,在尚未确保疑问地区没有水害威胁的情况下,只有坚持"有疑必探,先探后掘"的方针,才能确保安全生产。

1)在井下生产过程中,遇到下面任何一种情况时,都必须探水前进:

①接近被淹井巷、小煤窑或老空区;

②接近溶洞、含水断层、强含水层(包括流沙层、冲积层、各种承压含水层)或积水区;

③上层有积水,下层进行采掘活动且两层距离小于安全厚度;

④在探水地区内掘进,达到允许掘进长度后需再次探水;

⑤采掘工作面出现出水征兆;

⑥突然发现断层且对另一层的水文地质情况不清楚;

⑦需要打开隔离煤柱放水;

⑧接近有出水可能的钻孔;

⑨采掘工作面接近各类防水煤柱线,为确保煤柱的防水作用,需要提前探明情况;

⑩在强含水层之上进行带压开采,对强含水层的水压、水量、裂隙等情况不清楚,对隔水层厚度变化情况没有把握,此时需要对强含

水层进行打钻，系统了解强含水层和隔水层情况。

2）在进行探水作业、接近积水地区掘进作业，或排放被淹井巷积水前，必须进行探放水设计，探放水设计应包括探水地区的水文地质情况、探水巷道布置、施工先后次序、探水孔的布置、对探孔的要求、排水设施安排以及采取防止瓦斯和其他有害气体危害的安全措施等。

第4章 矿山职工安全行为与设备规范

30. 矿山职工安全行为规范

（1）矿山职工班前会的安全行为规范

矿山职工班前会是以班组为单位，在工作现场上岗前进行的重要准备活动。其主要目的是预先熟悉工作环境、设备状况、人员情况，传达上级指示，并布置工作任务。

1）班前会的主要作用如下：

①班前会是安全生产的首道防线，是矿山安全生产制度建设的重要组成部分；

②班前会承担着对矿山职工进行安全教育和培训的任务，对确保当班安全生产、预防事故发生具有重要作用；

③班前会为矿山职工提供了一个现场安全知识学习和交流的平

台，有助于矿山职工掌握安全知识，增强安全意识，提高安全技能。

2）职工参加班前会，必须遵守的基本安全行为规范如下：

①做好工作准备，确保拥有充沛的体力和良好的工作状态；

②调整好个人的心理和情绪，充分做好全身心投入工作中的思想准备，避免受不安全心理的影响；

③准时参加，不得迟到。遵守现场秩序，不得起哄吵闹、大声喧哗或中途离开；

④服从上级安排，明确自己的工作任务及岗位要求；

⑤认真听取当班安全注意事项，牢记安全操作规程和应急处置措施；

⑥明确自己的岗位安全职责和相关安全规章制度，了解互保对象及其职责；

⑦进行安全确认。

（2）矿山职工井下乘车与行走行为安全规范

1）上下井乘罐、乘车时，务必听从指挥，严禁嬉戏打闹、抢上抢下。

2）应按照定员乘罐、乘车，并确保罐笼门、车门关闭严密，挂好防护链。严禁在机车上或两车厢之间搭乘。

3）客货混载极其危险，严禁乘坐已装有物料的罐笼、矿车和皮带。

4）当开车信号已发出或罐笼、车辆尚未停稳时，严禁上下。

5）运送火工品时，务必听从管理人员安排，严禁与上下班人员同时乘罐、乘车。

6）在乘罐、乘车行驶途中，不得在罐内、车内躺卧和睡觉，严禁将头、手、脚及携带的工具伸出罐笼和车辆外面。同时,严禁在皮带上仰卧、打瞌睡、站立和行走,严禁用手扶皮带侧帮。

7)乘坐"猴车"(无级绳绞车)时,严禁触摸绳轮,应做到稳上稳下。

8)在巷道中行走时,必须走人行道,严禁在轨道中间行走。不得随意横穿电机车轨道和绞车道。携带长件工具时,要注意避免碰伤他人和触及架空线。当车辆接近时,应立即进入躲避硐室暂避。

9)在横穿大巷,通过弯道或交叉口时,要做到"一停、二看、三通过"。任何人都不得从立井和斜井的井底穿过。在兼作行人的斜巷内行走时,应严格遵守"行人不行车,行车不行人"的规定,切勿与车辆同行。

(3)矿山职工出入井安全行为规范

在出入井过程中,矿山职工必须严格遵守相关安全行为规范,以最大限度保证自己和他人的人身安全。具体应遵守的安全行为规范如下。

1)进入井口时,必须携带下井定位识别卡,并做好下井登记手续。

2)严禁搭乘运矿拖拉机、矿斗等非载人工具。

3)上下斜井时,应严格遵守"行人不行车,行车不行人"的规定。

4)出井时,应及时进行登记,并交回下井定位识别卡。

(4)矿山职工安全操作行为规范

安全操作行为规范是矿山职工在作业过程中关于操作动作、操作顺序、操作方法的规范性准则,是生产行为的核心组成部分,也是矿山安全生产的重要保障。

矿山职工在作业中必须遵守以下安全操作行为规范。

1）贯彻"安全第一、预防为主、综合治理"的安全生产工作方针，自觉严格遵守安全操作规程、劳动纪律和生产规章制度。

2）特种作业人员必须持证上岗。

3）严格执行"班前、班中、班后"三阶安全确认制。

4）掌握并能正确使用机械设备，熟悉机械设备及各种工具的性能参数和安全操作规程。

5）坚决拒绝违章指挥，杜绝冒险作业行为。

6）作业风险辨识要做到"三明确"，即明确危险作业、明确危险区域、明确危险人群。

7）安全防护要做到"四不伤害"，即不伤害自己、不伤害他人、不被他人伤害、保护他人不被伤害。

8）安全操作要做到"五严禁"，即严禁违章作业，严格遵守岗位安全操作规程；严禁私自打开密闭空间或进入盲巷、老空区、废弃巷道；严禁迟报、瞒报隐患和事故信息；严禁毁坏主要通风设施；严禁脱岗或在生产作业场所睡觉。

（5）矿山职工交接班安全行为规范

交接班是确保生产作业平稳持续进行、工作任务明确交接的重要环节，也是确保人员与设备安全的关键措施。矿山职工在交接班过程中应遵守以下安全行为规范。

1）交接班必须严格按照规定时间进行，不能随意变动、延误。

2）交接班应在作业现场进行。

3）交班职工在交班前应完成本班的扫尾工作，并将工具、物品放在指定位置。

4）交班职工需详细介绍当班的生产情况、设备运行状态、安全状况及下一班的安全注意事项。

5）接班职工应严格检查上一班的生产设备、作业场地和下一班安全生产需注意的问题。

6）接班职工应认真询问上一班的运行情况、安全状况及遗留问题，全面掌握工作环境，并在接班时进行安全确认。

7）交接班时，若上一班发生的事故未处理完毕，交班职工应协助接班职工处理完毕后方可下班，坚决做到不交"事故班"。

（6）矿山职工工余安全行为规范

矿山职工在非工作区和工余时间，同样需要遵守一定的安全行为规范，确保自身安全与健康。矿山职工工余安全行为规范主要包括以下内容。

1）时刻牢固树立"安全第一"的思想，增强工余时间的安全意识。

2）上下班途中严格遵守交通法规，确保自身安全，防止意外事故发生。

3）工余时间应保证充分休息，保持生理和心理的健康状态。

4）日常生活中注意用电与用火安全，严禁私自乱接电源电线。

5）积极参与有利身心健康的娱乐活动，维持良好的职业心理健康状态。

31. 矿山常见机械分类及操作规程

（1）挖掘机操作规程

1）单斗挖掘机的作业和行走场地应平整坚实。松软地面应垫以枕木或垫板，沼泽地区应先进行路基处理，或更换湿地专用履带板。

2）履带式挖掘机的驱动轮应置于作业面后方。

3）平整场地作业时，不得用铲斗进行横扫或用铲斗对地面进行夯实。

4）挖掘岩石时，应先进行爆破；挖掘冻土时，应采用破冰锤或爆破法使冻土层破碎。

5）正铲作业时，除松散土壤外，其最大开挖高度和深度不应超过机械本身性能规定；拉铲或反铲作业时，履带距工作面边缘距离应大于1 m。

6）作业前应重点检查下列项目：

①照明、信号及报警装置等齐全有效；

②燃油、润滑油、液压油符合标准；

③各铰接部分连接可靠；

④液压系统无泄漏现象。

7）启动前，应将主离合器分离，各操纵杆置于空挡位置，并按照内燃机安全操作规程启动内燃机。

8）启动后，接合动力输出，应先使液压系统从低速到高速空载循环10~20 min，确认无空吸等异常噪声且工作有效。检查各仪表指示值，待运转正常后接合主离合器进行空载运转，顺序操作各工作机构并测试各制动器，确认正常后方可作业。

9）作业时，各操纵过程应平稳，避免紧急制动。铲斗升降不得过猛，下降时不得撞碰车架或履带。

10）斗臂在抬高或回转时，不得碰到洞壁、沟槽侧面或其他物体。

11）保养或检修挖掘机时，除检查发动机运行状态外，还必须将发动机熄火，并将液压系统卸载，铲斗落地。

12）利用铲斗将底盘顶起进行检查时，应用垫木垫稳，然后将液压系统卸载，否则严禁进入底盘下工作。

（2）装载机操作规程

1）装载机驾驶员必须经过专业培训，考核合格并持证上岗。严禁酒后驾驶操作。

2）上岗时应正确穿戴合格的劳动防护用品。

3）每班开机前应严格点检传动、制动、照明系统，确保刹车、方向盘、喇叭、照明灯、液压系统等装置灵敏、可靠。

4）起步前和运行中，应对工作场地及行驶路面进行充分检查评估。观察四周是否有人，尤其是倒车时应加强观察；检查装载机上是否有其他物品，围栏、安全防护装置是否齐全完好；确认作业场所的视线、地形地势、立体交叉作业等情况，确保周围无隐患、宽敞无障碍、视线良好，场地满足安全运行要求；确认安全后，应低速、平稳起步。

5）作业时，应选择适宜的作业路线，确保车辆无下陷、倾覆等危险。作业人员应经常对设备和作业场所的不安全因素进行辨识和确认。

6）作业面不得过于湿滑或泥泞，推运或倒运的料堆不得高于 5 m。禁止在高于 5 m 以上的危险工作场所进行挖掘作业。

7）在能见度较低的场所作业时，必须保证视线良好或有专人指挥。

8）作业场所存在立体交叉作业时，应错时作业或有专人指挥。

9）夜间作业时，现场应配备良好的照明设施。

10）装载机在作业时，严禁人员上下车。运行中，除驾驶室外，装载机的其他部位禁止有人。

11）装载机下坡行驶时，不得将发动机熄火滑行。

12）装载机铲运物料时，严禁超载。铲斗离地面约 400 mm 推铲物料时，严禁单桥受力。

13）装载物料时，应选择平整地面，严禁在陡坡、斜坡上装车。装车时，严禁铲斗从卡车驾驶室顶部通过。

14）对装载机进行保养、检修时，必须安装折腰固定杆。作业时，动臂、铲斗下方禁止有人停留。

15）停放装载机时，应选择平坦、安全的地面，如需停放在坡道上，应将车轮垫牢，拉紧手刹制动，将铲斗平放地面并向下施加压力。

16）对装载机进行保养检修时，必须安排两人以上配合作业。

17）装载机作业和驾驶时，必须遵守《中华人民共和国道路交通安全法》。

（3）推土机操作规程

1）推土机的操作应遵守一般机械设备安全技术要求的有关规定。

2）绞盘式推土机钢丝绳应符合起重机械的一般安全技术要求。

3）推土机使用前的准备工作，应参照挖掘机使用前的准备工作。

4）推土机工作中，应注意以下安全事项：

①发动机启动后，严禁有人站在履带上或推土刀支架上；

②推土机工作前，工作区内如有大块石块或其他障碍物，应予以清除；

③推土机工作应平稳，吃土不可太深，推土刀起落不应太猛。推土刀距地面距离一般以 0.4 m 为宜，不要过高；

④推土机通过桥梁、堤坝、涵洞时，应提前了解其承载能力，并低速平稳通过；

⑤推土机在坡道上行驶时，其上坡坡度不得超过 25°，下坡坡度不得大于 35°，横向坡度不得大于 10°。在陡坡上（25°以上）严禁横向行驶，纵向在陡坡上行驶时不得做急转弯动作。上下坡应用低速挡行驶，并不许换挡。下坡时严禁空挡滑行；

⑥在上坡途中，若发动机突然熄火，应立即将推土刀放到地面，

踏下并锁住制动踏板。待推土机停稳后,再将主离合器脱开,把变速杆置于空挡位置,用三角木块将履带或轮胎楔死,然后重新启动发动机;

⑦推土机在陡坡(25°以上)上进行推土时,应先进行填挖,待推土机能保持自身平衡后,方可开始工作;

⑧填沟或驶近边坡时,禁止推土刀越出边坡边缘。换好倒车挡后,方可提升推土刀进行倒车;

⑨在深沟、陡坡地区作业时,应有专人指挥。

(4)钻机操作规程

1)钻机作业前,操作人员要佩戴好安全帽、照明灯,严禁酒后上岗。

2)必须两人以上作业,严禁单人作业。

3)进入工作面,首先应检查工作面的安全情况,先排净作业面顶帮上的浮石、边坡上的伞檐;在有限空间内作业时要保持通风良好。工作现场必须照明充足,工作照明要使用36 V电压行灯。

4)工作现场要保持平整,严禁堆放障碍物。

5)工作前必须检查设备是否放置平稳和固定牢固,各部位螺栓是否紧固良好,润滑部位是否正常,确认安全后方可按程序开钻。

6)使用起重工具吊起或拆装钻机时,必须使用合格的钢丝绳扣,并在专人指挥下进行。起重支架必须固定牢固,吊物时,严禁人员在起吊物下方或偏移方向停留,以防发生危险。

7)两人搬运钻机部件时,必须互相做好联系沟通,防止挤手或砸脚。

8)钻机开动运转中,严禁用手或戴手套触摸锚杆或运转部位,以防绞伤。

9）用车辆运输钻机时，必须将钻机用绳索牢固固定在车上；车辆倒车时，严禁人员在两侧或车后停留，以防挤伤。

10）爆破时，应及时撤离至安全地点；洞内放炮时，应撤到洞外避炮或到指挥人员指定的安全地点避炮。

11）必须在指定的作业地点开钻，严禁到其他岗位乱走乱窜，以防发生危险。

32. 矿山常见作业人员职责

（1）矿山安全员的主要安全生产职责

1）专职安全员的主要安全生产职责：

①协助班长做好本班的安全生产工作，对本班的安全生产工作负责；

②协助班长做好本班班前安全布置、班中安全检查、班后安全总结，切实做好全程跟班工作；

③负责新职工上岗期间的安全教育和操作规程指导，教育新职工遵守本单位的安全生产规章制度；

④协助班长进行经常性安全教育活动，发动职工开展安全生产技术改造；认真做好安全记录，提出合理的安全工作意见和建议；

⑤教育本班职工正确使用劳动防护用品，及时制止、纠正职工的违章、违规行为；

⑥协助班长随时检查安全生产情况，督促班组成员正确执行安全操作规程和安全生产各项规章制度，制止违章作业；

⑦及时反映情况，积极协助上级采取措施，消除生产中的事故隐患；

⑧协助上级分析事故原因，提出改进措施并督促实施；

⑨发生事故时要及时报告、了解情况和维护现场。

2）兼职安全员的主要安全生产职责：

①兼职安全员一般由副班长兼任，协助班长做好本班安全工作，受专职安全员的业务指导，协助班长做好班前安全布置、班中安全检查、班后安全总结工作；

②组织开展本班各种安全活动，认真做好安全活动记录，提出改进安全生产工作的意见和建议；

③对新职工进行岗位安全教育；

④严格执行安全生产各项规章制度，对违章指挥、违章作业、违反劳动纪律等有权制止，并及时报告；

⑤检查督促本班职工正确使用生产设备设施和各种劳动防护用品及消防器材；

⑥发生事故时要及时了解情况、维护现场，并向上级报告；在救援人员未到达前，协助班长组织本班职工积极采取避险避灾措施，带领所有遇险职工立即转移到安全地带，并组织安排好求救信号，等待救援；听从应急救援指挥部的统一调遣安排，积极参与抢险救灾工作，保证完成应急救援指挥部下达的各项任务。

（2）测量技术员的安全生产职责

1）参加安全生产业务学习和安全生产活动。

2）组织进行重要贯通测量工作，审查贯通测量技术设计，对重要贯通工程的安全生产工作负技术监督、检查责任。

3）参加重点工程的开工、竣工验收及质量事故分析会议。

4）对测量仪器、工具负责调配和维护保养，保证测量仪器、工具的安全运行。

5）经常深入现场指导和协助施工队搞好专业安全工作。

6）参加单位组织的各项安全生产活动，排查事故隐患，积极参加安全抢险。

（3）爆破员的安全生产职责

1）必须持证上岗作业。负责本班作业场所放炮工作的爆破员，对放炮工序技术和安全负直接责任。

2）严格执行爆破材料管理制度，认真负责地领取计划内所用爆破材料，做到不丢失、不浪费、不转交他人、不擅自销毁或挪作他用；组织监督本班职工按照规定搬运当班所需爆破器材到达作业场

所,严格做好保管工作,在井下应入箱保管并上锁,严禁乱扔乱放;火药箱应放在支架完好、顶板好的地方,要避开机械、电气设备,放在干燥地点;负责管好用好爆破安全用具。

3)在井下搬运爆破材料,与同行人要保持10 m以上的距离行走,严禁并排同行或打闹;中途休息时要选择安全地点,远离电缆和金属导体等物品。

4)严格按照爆破作业规程规定装药、爆破,无爆破作业规程坚决不进行深孔爆破、洞穴爆破或深孔扩壶爆破;小爆破严格按照爆破器材使用说明的规定进行。

5)严禁打残眼,不得放小炮、明炮、糊炮和短母线放炮;严禁擅自反向定炮,否则爆破员负直接责任。

6)严格执行放炮各项制度和安全操作规程,根据施工现场情况,严格掌握好装药量。炮眼应装水炮泥,水炮泥要充满填实,不用的炮眼或残眼要用水炮泥填实,以保证爆破的效果和安全,爆破员对放炮发生的事故负直接责任。

7)放炮前应洒水灭尘,配合当班职工搞好防尘工作,以降低粉尘浓度和有害气体浓度。爆破员对放炮防尘负直接责任。

8)严格执行"一炮三检"和放炮记录制度,严格落实放炮"三保险"(人员保险、设备保险、作业现场及周边环境保险)制度。

9)严格执行先检查、后工作制度,负责按规程规定装药、定炮、连线、放炮;班末清点剩余炸药雷管,签字后退库;在班长领导下,按时按质按量完成爆破作业任务。

10)对当班留下未放完的装药炮眼,必须与班长、兼职安全员在现场向下一班的放炮员、班长、兼职安全员进行交接,填写交接报告单,并向专职安全员及分管安全副矿长分别报告。

(4)绞车工的安全生产职责

1)必须持证上岗,坚守岗位,不得擅离职守,对所在单位的人员与设备安全负责,确保生产安全进行。严禁无证人员操作绞车。

2)熟悉绞车的结构、性能,熟练掌握开车技术,加强绞车设备的保养、维护和检查工作,做到"三知"(知设备结构、知设备性能、知安全设施作用原理)和"三好四会"(管好、用好、维护好,会保养、会检查、会使用、会排除故障)。

3)严格按照操作规程作业,操作中严格执行"三不开"(信号不明不开、上下钩未看清不开、启动状态不正常不开)和"五注意"

(注意电压、电流表是否正常,注意制动闸门是否可靠,注意深度指示器是否准确,注意钢丝绳排列是否整齐,注意润滑系统是否正常)。

4)严格落实"五严格"(严格执行交接班制度、严格执行操作规程、严格执行要害场所管理制度、严格进行巡回检查、严格进行岗位练兵)要求。

5)工作中必须高度集中精力,严禁睡觉或擅自离岗,严格遵守安全操作规程和各项规章制度,严禁违章作业。

6)严禁放飞车。

7)斜井(包括上下山)运输时,严禁蹬钩行车;行车时,严禁行人,严格遵守"行车不行人,行人不行车"的规定。

8)每班必须对提升容器、连接装置、阻车器、装卸设备、钢丝绳以及提升绞车的卷筒、制动装置、限速装置、调绳装置、传动装置、电动机和控制设备等进行检查,发现隐患必须立即处理,并做好检修记录,未修复前严禁使用。

9)加强对钢丝绳、地滚、"一坡三挡"(为防止矿山轨道运输跑车事故而设置的安全防护设施)的检查,监视绞车运行情况。发现重大事故隐患时,立即停车并向专职安全员或分管安全副矿长报告,及时处理。

10)及时对绞车、变速箱等部件进行润滑保养,班前做好油料、配件等准备工作。

11)钢丝绳在一个捻距内断丝数与钢丝总数之比达到10%时,应予以更换;要重点检查钢丝绳由下层转至上层的临界段(相当于四分之一圈绳长),并统计断丝数,每季度应将钢丝绳串动四分之一圈的位置。提升设备禁止使用有接头或断股的钢丝绳。若钢丝绳出现发黑、锈皮、点蚀等缺陷，不得用于升降人员；发现锈蚀严重、点蚀麻坑形成沟纹或外层钢丝松动时，必须立即更换。

12）严格遵守劳动组织纪律，服从安排，听从指挥，不迟到早退，不连班作业，不私自请人代班，不做与本职工作无关的事情。

13）认真填写好"五记录"（交接班记录、巡回检查记录、安全装置试验记录、人员进出记录、运转日志记录），详细交代绞车运行情况。

14）及时清理绞车设备，保持设备与环境卫生整洁，确保检修工具和消防用具齐全。

15）发生生产安全事故时，负责落实抢险救灾工作中提升运输的安全技术措施，保证应急救援工作顺利进行。

(5）矿井通风工的安全生产职责

1）负责通风设备设施的维修和改造工作，确保通风系统正常运行及安全可靠。

2）负责局部通风机、风筒等设备设施的运输、安装、维护、拆除和回收工作。

3）熟悉矿井通风系统，掌握通风设备设施的设置地点、位置、种类、用途和使用管理状况，确保其运行可靠。

4）为确保井巷风流的稳定性，所有通风设备设施的修建都必须符合质量标准要求，并按设计或指定位置施工。

5）在实施通风设备设施改造（包括墙改门或门改墙等）工程时，必须严格执行"先建新、再拆旧"的施工程序，以确保矿井通风系统的稳定性。

6）熟悉局部通风机的结构、原理、性能、技术特征及基本维修知识。

7）掌握各掘进工作面局部通风设计和局部通风机使用管理状况，发现问题应及时汇报并处理。

8）发生生产安全事故时，负责落实事故抢险救灾工作中的通风安全技术措施；当通风设施遭受破坏时，应根据事故处理需要，及时恢复通风系统，并采取通风技术防范措施，保障应急救援工作顺利进行。

第5章 矿山职业病预防

33. 矿山行业职业病危害

矿山开采中主要的职业病危害因素包括生产性粉尘、有害气体、不良环境条件、噪声和振动等。同时，由于井下劳动强度大、作业姿势不良、采光照明不佳等原因，极易导致外伤等意外事故发生。

（1）生产性粉尘

生产性粉尘是矿山行业中的主要危害因素。在矿山生产过程中，可能产生大量含硅量较高的粉尘，导致职工患尘肺病的风险显著增加。

（2）有害气体

在矿山生产过程中，可能接触到瓦斯、一氧化碳、二氧化碳、氮氧化物、硫化氢等有害气体，这些气体浓度过高时，可能引起中毒、窒息,甚至死亡。

（3）不良环境条件

矿山井下环境通常具有温度高、湿度大、温差大的特点。因此,职工易患感冒、上呼吸道炎症及风湿性疾病。

（4）其他危害因素

由风动工具、皮带运输机等设备产生的噪声和振动,可能引起职业性耳聋和手臂振动病。劳动强度大和不良工作体位易导致职工患腰腿痛、关节炎等疾病。矿山开采中的片帮冒顶,以及由运输和机械造成的伤害事故,是职工外伤发生的主要原因。

34. 矿山行业职业病防治

（1）生产性粉尘防治措施

生产性粉尘的防治可以通过通风除尘、湿式作业、喷雾洒水以及使用除尘设备等方式进行。通风除尘的作用是稀释和排除矿区空气中的粉尘；湿式作业是在作业过程中使用水湿润粉尘，减少粉尘飞扬；喷雾洒水是在作业现场进行喷雾洒水，降低粉尘浓度；使用除尘设备可对产生的粉尘进行收集和处理。

（2）有害气体防治措施

矿山生产过程中，职工可能接触到多种有害气体，排除有害气体的最佳办法是通风，特别是爆破后要加强机械通风，通风 30 min 后才能进入爆破现场。进入长期无人进入的井巷时，必须检查巷道中氧气及有害气体的浓度，采取安全措施后方可进入。当发现人员中毒时，应立即报告矿山主要负责人，由矿山主要负责人派遣救护人员进入矿井抢救。同时，矿山应建立健全卫生设施，定期开展健康检查与环境监测，并教育职工严格遵守安全操作规程和规章制度。

（3）不良环境条件防治措施

矿山应加强作业现场通风换气，疏散热源，并尽可能采取隔热降温措施。接触粉尘及其他有毒有害物质的职工，必须定期进行健康检查。应按照职业病范围和诊断标准，定期对职工进行职业病鉴定和复查，并建立职工健康档案。对体检或鉴定患有职业病或职业禁忌证的职工，应按国家规定及时给予治疗和疗养；确诊不适合原工作的，应及时调离岗位。

（4）其他危害因素防治措施

工矿企业噪声设计标准规定：在 8 h 工作情况下，作业场所的噪声不得超过 90 dB。局部振动卫生标准规定：使用振动工具或工件的作业，工具手柄或工件的 4 h 等能量频率计权振动加速度不得超过 5 m/s^2。矿山应逐步淘汰噪声、振动超标的工艺设备；严格控制制造和安装质量，防止振动；保持表态和动态平衡；加强润滑，降低摩擦噪声。可以采取隔声、吸声、消声等措施，如建造隔声操作室、将噪声源密闭、使用吸声材料等。职工在噪声超标的作业场所中，应佩戴防噪声耳塞、耳罩和防噪声帽盔等劳动防护用品。

35. 劳动防护用品的分类与使用

（1）劳动防护用品的分类

在生产过程中，职工常用到的劳动防护用品主要包括以下几类。

1）头部防护用品，主要有披肩防尘帽、防水帽、皮毛帽、矿用安全帽、防静电帽、降温帽、防昆虫帽等。

2）呼吸器官防护用品，主要包括简易防尘口罩、防毒口罩、防酸口罩、生氧面罩等。

3）眼（面）部防护用品，主要有防尘风镜、防水眼罩、防冲击眼罩、有机玻璃隔热面罩、防微波眼镜、塑料眼罩、防酸碱面罩、防沙面罩、太阳镜等。

4）听觉器官防护用品，主要有防水耳塞、防寒耳罩和防噪声耳塞等。

5）手部防护用品，主要有绒手套、橡胶手套、布棉手套、防苯手套、防静电手套、二指长筒手套、防X射线手套、防酸碱橡胶手套、耐油塑料手套、防振手套、皮革手套、高压绝缘橡胶手套等。

6）足部防护用品，主要有光面单皮鞋、水产靴、布棉鞋、防静电皮鞋、耐酸碱单鞋、防油防水单靴、皮鞋盖、单胶防滑鞋、反毛防刺穿单皮鞋、高压绝缘单皮鞋、防振鞋等。

7）躯干防护用品，主要有纯棉套服、水产防护服、棉裤、防砸背心、透气式防毒衣、阻燃电焊服、防静电衬衣、焊接防护服、微波防护服、纯毛防酸服、抗油拒水单防护服、塑料救生衣、血吸虫防护服等。

8）护肤用品，主要有除沥青油膏、放射性物质洗涤剂、油漆洗涤剂等不同功能的护肤用品。

9）防坠落用品，主要有各类安全带和各类安全网等。

（2）劳动防护用品的使用

在作业场所必须按照要求佩戴和使用劳动防护用品。劳动防护用品是根据生产实际需要发放给个人的，职工都应学会正确使用，以达到预防事故、保障安全的目的。使用劳动防护用品要注意以下要求。

1）应根据防护目的选择符合要求的劳动防护用品，绝不能选错或将就使用。

2）对使用劳动防护用品的人员应进行教育和培训，使其充分了解使用的目的和意义，并正确掌握使用方法。对于结构和使用方法较为复杂的劳动防护用品，应进行反复训练，确保人员熟练使用。用于紧急救灾的呼吸器应定期严格检验并妥善存放在事故易发地点附近，以方便取用。

3）妥善维护保养劳动防护用品不仅能延长其使用期限，更能保证其防护效果。耳塞、口罩、面罩等用后应用肥皂、清水洗净，并用相应药液消毒、晾干。过滤式呼吸防护器的滤料应定期更换，以防失效。防止皮肤污染的工作服用后应集中清洗。

4）劳动防护用品应有专人负责管理，确保其维护保养到位，在使用时能充分发挥防护作用。

36. 安全帽佩戴使用

（1）首先检查安全帽外壳是否破损（如有破损，其分解和削弱外来冲击力的性能就会减弱或丧失，不可继续使用）、有无合格帽衬（其作用是吸收和缓解冲击力，如果没有则丧失了保护头部的功能）、帽带是否完好。

（2）调整好帽衬顶端与帽壳内顶的间距（20~50 mm），调整帽箍。

（3）安全帽必须戴正。如果戴歪，受到冲击时无法减轻对头部冲击的作用。

（4）必须系紧下颌带，确保安全帽稳固。如果不系紧下颌带，发生构件坠落等事故时，安全帽可能脱落，导致严重后果。

现场作业过程中，不得将安全帽脱下搁置一旁，或当作坐垫使用。

37. 防尘口罩佩戴使用

防尘口罩必须大小合适，佩戴方式正确，才能起到防护作用。

（1）将头带每隔 2~4 cm 处拉松。

（2）将口罩放在手掌中，鼻梁金属条朝指尖方向，让头带自然垂下。

（3）将口罩戴在面部，鼻梁金属条朝上，确保口罩紧贴面部。

（4）将口罩上端头带放在头后，下端头带置于颈后，调整至舒适位置。

（5）用双手指尖沿鼻梁金属条，从中间向两边慢慢按压，直至金属条紧贴鼻梁。

（6）双手尽量遮盖口罩，进行正压及负压测试。

（7）在湿热、通风较差或劳动强度较大的工作环境中，使用带有呼吸阀的口罩可提高舒适度。呼吸阀的作用原理：呼气时，气体正压将阀片吹开，以迅速排出废气，降低闷热感；吸气时，负压自动关闭阀门，以避免吸进外源污染物。

Tips 相关链接

正压测试：双手遮住口罩，用力呼气。如果空气从口罩边缘溢出，说明佩戴不当，需再次调整头带及鼻梁金属条。

负压测试：双手遮住口罩，用力吸气。口罩中央会陷下，如果有空气从口罩边缘进入，说明佩戴不当，需再次调校头带及鼻梁金属条。

38. 防护手套佩戴使用

使用防护手套前,应了解不同种类手套的防护作用和使用要求,以便正确选择。不可将一般场合用的手套当作专用防护手套使用。在某些工作环境下,防护手套应佩戴合适,避免手套指过长被机械运转部件绞进或卷住,造成手部受伤。

不同的防护手套有其特定用途和性能,实际工作中应结合作业情况正确使用,以保护手部安全。以下是使用防护手套时的注意事项。

(1)普通操作时应佩戴用帆布、绒布、粗纱制成的防机械伤手套,以防丝扣、尖锐物体、毛刺、工具等伤手。

(2)冬季应佩戴防寒棉手套,操作导热油、三甘醇等高温部位时应使用耐高温手套。

(3)使用甲醇时,必须佩戴耐化学腐蚀手套。

(4)加电解液或打开电瓶盖时,应使用耐酸碱手套,注意防止电解液溅到衣物或身体的其他裸露部位。

(5)焊割作业时,应佩戴焊工专用手套,以防焊渣、熔渣等烧毁衣物或烫伤手臂。

(6)应急备用耐火阻燃手套,用于救火或可能造成烧伤的操作。

(7)接触设备运转部件时,禁止佩戴手套。

(8)防护手套,特别是被凝析油、汽油、柴油等轻质油品浸湿的手套,使用后应及时清洗油污。禁止佩戴此类手套抽烟、点火、烤火等,以防被点燃。

39. 防护鞋穿着使用

（1）防护鞋应根据作业条件选择合适的类型，同时必须合脚，确保穿着舒适。因此，要仔细挑选合适的鞋号。

（2）防护鞋应具备防滑功能，不仅要保护脚部免遭伤害，还要防止作业人员滑倒引发事故。

（3）不同性能的防护鞋应达到相应的技术指标，如防砸伤、防刺伤、绝缘等要求。但要注意的是，防护鞋不是万能的。

（4）使用防护鞋前应认真检查或测试。在电气和酸碱作业环境中，破损或有裂纹的防护鞋都存在安全隐患。

（5）防护鞋使用后要妥善保管。橡胶鞋用后需用清水或消毒剂冲洗并晾干，以延长其使用寿命。

第6章 矿山工伤事故应急处置与急救

40. 现场急救的基本原则与步骤

（1）现场急救的基本原则

现场急救是指在劳动生产过程中和工作场所因各种意外伤害事故、急性中毒导致人员突发危重伤病时，在专业医务人员到达前，为防止其伤病情恶化、减少伤病员痛苦和预防休克等并发症，而采取的紧急初步救护措施，又称院前急救。

现场急救的任务是采取及时有效的紧急救护措施和技术，最大限度地减少伤病员痛苦，降低致残率，减少死亡率，为医院抢救争取时间并创造条件。现场急救应遵循的基本原则如下。

1）先复苏后固定的原则。遇有心搏、呼吸骤停又有骨折者时，应首先采用口对口人工呼吸和胸外心脏按压等技术使心、肺、脑复苏，直至心搏、呼吸恢复后，再进行骨折固定。

2）先止血后包扎的原则。遇有大出血又有创口者时，首先立即用指压、止血带或药物等方法止血，再消毒并对创口进行包扎。

3）先重后轻的原则。遇有生命垂危的和较轻的伤病员时，应优先抢救危重者，后抢救伤病较轻者。

4）先救后送的原则。发现伤病员时，应根据实际情况先救后送。在送伤病员到医院的途中，不要停止抢救措施，持续观察伤病变化，减少颠簸，注意保暖，减少伤病员的痛苦，避免不必要的死亡，平安抵达最近医院。

5）急救与呼救并重的原则。在遇有成批伤病员、现场还有其他参与急救的人员时，要紧张而镇定地分工合作，急救和呼救应同时进行，以尽快争取救援。

（2）现场急救的步骤

1）紧急呼救。当事故发生，发现有危重伤病员，经过现场评估和伤病情判断后需要立即救护时，应立即向医疗救护服务系统或附近担负院外急救任务的医疗部门、社区卫生单位报告，常用的急救电话为"120"，以获得及时专业的救援支持，使急救机构在第一时间派出专业救护人员和救护车至现场抢救。

2）判断危重伤病情。在现场巡视后，对伤病员进行初步评估。在情况复杂的现场发现伤病员时，救护人员需要首先确认并立即处理威胁伤病员生命的情况，检查伤病员的意识、气道、呼吸、循环体征等。

3）紧急救护。灾害或事故现场一般都很混乱，组织指挥特别重要，应快速组成临时现场紧急救护小组，统一指挥。这是保证现场急救有序高效进行的关键措施之一。

矿山灾害事故发生后,要避免慌乱,尽可能地缩短伤病员的抢救时间。提高基本现场急救技术是做好灾害事故现场应急救护的关键。要善于应用现有的先进科技手段,体现"立体救护、快速反应"的应急救护原则,提高现场急救的成功率。

现场急救基本顺序是,先救命后治伤,先重伤后轻伤,边抢边救、抢中有救。要使伤病员尽快脱离事故现场,先分类再运送。在急救过程中,救护人员以救为主,其他人员以抢为主,各负其责、相互配合,以免延误抢救时机。此外,救护人员应时刻注意自身防护。

 相关链接

现场急救应注意以下4个方面的要求。

(1)避免直接接触伤病员的体液。

(2) 应使用防护手套，并用防水敷料覆盖自己损伤的皮肤。

(3) 急救前和急救后都要洗手。眼、口、鼻或者任何皮肤损伤处一旦溅有伤病员的体液或血液，应尽快用肥皂和水清洗，之后前往医院检查。

(4) 进行口对口人工呼吸时，尽量使用人工呼吸面罩等工具或设备。

41. 矿工的自救与互救

(1) 矿工自救与互救基本要求

1）熟悉并掌握所在矿井的灾害应急预案。

2）熟悉避灾路线和安全出口。

3）熟练使用自救器。

4）熟悉并掌握发生各种灾害事故时的避灾方法。

5）辨别各种灾害事故前的征兆。

6）掌握抢救灾区伤病员的基本方法，学会基本的现场急救技术等。

(2) 常见的矿井井下自救器

矿井井下自救器按其作用原理可分为过滤式和隔离式两种。其中，隔离式自救器又分为化学氧自救器和压缩氧自救器两种。目前我国生产的主要有 AZL-40 型、AZL-60 型、MZ-3 型和 MZ-4 型等过滤式矿井井下自救器，AZH-40 型化学氧矿井井下自救器，以及 AYG-45 型和 AYG-60 型压缩氧矿井井下自救器。

过滤式矿井井下自救器是一种专门过滤一氧化碳，并使之转化为无毒的二氧化碳的自救装置，主要用于水灾或瓦斯、煤尘爆炸时防止一氧化碳中毒。其适用条件受空气中含氧量及有毒气体种类的限制，只能用于氧气浓度不低于18%、一氧化碳浓度不高于1%且不含其他有害气体的空气条件。

化学氧矿井井下自救器利用生氧药剂产生氧气供人呼吸，佩戴者的呼吸气路与外界空气完全隔绝，不受外界条件的限制。它适用于井下发生火灾、瓦斯或煤尘爆炸、煤（岩）与瓦斯突出等事故，只要现场人员身体未受到直接伤害，都可以佩戴。在片帮冒顶事故中，遇险人员只要没有被埋住，都可以佩戴自救器静坐待救，以防止瓦斯渗入或氧含量降低而造成窒息死亡事故。

压缩氧矿井井下自救器是一种利用压缩氧气供氧的隔离式呼吸保护器，是可反复多次使用的自救器。每次使用后，只需要更换新的吸收二氧化碳的氢氧化钙吸收剂和重新充装氧气即可重复使用。它适用于存在有毒气体或缺氧的环境条件下。

42. 现场常用急救方法

（1）心肺复苏

灾害事故现场对伤员进行心肺复苏非常重要。据报道，5 min内开始现场急救实施心肺复苏，8 min内进一步生命支持，危重伤员的存活率最高可达43%。复苏（生命支持）每延迟1 min，危重伤员存活率下降3%；除颤每延迟1 min，危重伤员存活率下降4%。心肺复苏是指当危重伤员呼吸及心搏骤停时，合并使用人工呼吸及胸外心脏按压进行急救的一种技术。

实施心肺复苏时,首先要判断伤员的呼吸和心搏情况,一旦判定呼吸、心搏骤停,立即采取以下步骤进行心肺复苏。

1)开放气道。先将伤员衣领口、领带、围巾等解开,戴上手套迅速清除伤员口鼻内的污泥、土块、痰、呕吐物等异物,以利于呼吸道畅通,再采用仰头举颏法、仰头抬颈法或下颌上提法将其气道打开。

①仰头举颏法。救护人员将一只手的小鱼际部位置于伤员的前额并稍加用力使其头后仰,另一只手的食指、中指置于其下颌并将下颌骨上提;救护人员手指不要深压颌下软组织,以免阻塞伤员的气道。

②仰头抬颈法。救护人员用一只手的小鱼际部位置于伤员的前额并向下稍加用力使其头后仰,另一只手置于其颈部并将颈部上托。无颈部外伤的伤员才能用此法。

③下颌上提法。救护人员双手手指置于伤员下颌角并向上或向后方提起其下颌;伤员的头保持正中位且不能后仰,不可左右扭动。该方法适用于怀疑有颈椎外伤的伤员。

2）手钩异物：

①如伤员无意识，救护人员直接观察伤员口腔内异物位置；

②救护人员用一只手的食指插入伤员口内；

③用钩取动作，抠出伤口内固体异物。

3）口对口人工呼吸：

①救护人员用一只手的拇指、食指捏紧伤员鼻孔，另一只手托其下颌；

②使伤员的口张开，救护人员做深呼吸，用口紧贴并包住伤员口部缓慢吹气；

③观察伤员胸部隆起方为有效；

④脱离伤员口部，放松捏鼻的拇指、食指，观察伤员胸部；

⑤感到伤员口鼻部有气呼出；

⑥每分钟吹气 10~12 次，每次吹气量以胸廓明显隆起为度，避免过度通气。

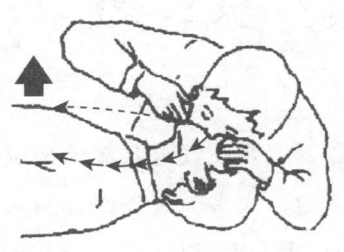 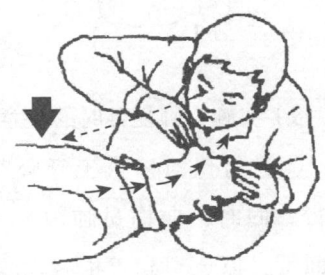

4）胸外心脏按压。判定伤员心搏是否停止，可以触摸伤员的颈动脉有无搏动，如无搏动，<u>应立即进行胸外心脏按压</u>。实施胸外心脏按压的主要步骤如下：

①用一只手的掌根按在伤员胸骨中下 1/3 段交界处；

②另一只手压在该手的手背上,双手手指均应翘起,不能平压在伤员的胸壁;

③双肘关节伸直;

④利用体重和肩臂力量垂直向下按压;

⑤使胸骨下陷4~5 cm;

⑥略停顿后在原位放松;

⑦手掌根不能离开心脏定位点;

⑧连续进行15次按压;

⑨之后口对口人工呼吸吹气两次,继续胸外按压心脏15次,如此反复操作。

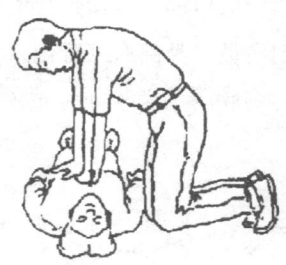

5）实施心肺复苏时的注意事项:

①进行口对口人工呼吸时,注意一定要在气道开放的情况下进行。同时,向伤员肺内吹气不能太急、太多,仅需使其胸部隆起即可,以免引起胃扩张。吹气时间以占一次呼吸周期的1/3为宜(1~2 s)。

②胸外心脏按压时需注意防止并发症。胸外心脏按压并发症包括急性胃扩张、肋骨或胸骨骨折、肋骨软骨分离、气胸、血胸、肺损伤、肝破裂、冠状动脉刺破（心脏内注射时）、心包压塞、胃内返流

物误吸或吸入性肺炎等。因此，要判断准确，监测严密，处理及时，操作正规。此外，注意胸外心脏按压与放松时间的比例及按压频率。实验证明，当胸外心脏按压与放松时间各占 1/2 时，心脏射血最多，可获得最大血流动力学效应；按压频率为 80~100 次/min 时，可使血压短期上升 7.98~9.31 kPa，有利于心脏复搏。胸外心脏按压用力要均匀，不可过猛，按压和放松所需时间应相等。每次按压后必须完全解除压力，使胸部回到正常位置，按压频率不可忽快忽慢，应保持正确的按压位置。在进行心脏按压时，应随时观察伤员的反应及其面色的改变。

6）心肺复苏终止。在心肺复苏中，出现如下征象者可考虑终止：

①伤员恢复自主呼吸及心搏；

②经过规范的心肺复苏 30 min 后，仍无自主呼吸，瞳孔散大，对光反射消失，即标志生物学死亡，可终止抢救；

③常温下心搏停止 30 min 以上，肛温接近室温且出现尸斑。但在低温环境中（如冰库、雪地、冷水）及年轻的创伤伤员，虽心脏停搏超过 30 min，仍应积极抢救；

④专业医疗团队判定脑死亡。

（2）常用止血法

1）压迫止血法。这种止血法适用于头、颈、四肢等动脉出血的临时止血。当伤员发生动脉出血时，应立即用手指或手掌用力压迫出血部位近心端的动脉搏动处，并把血管压紧在骨头上，能很快起到临时止血的效果。如头部前额出血时，可在耳屏前方对着下颌关节点压迫颞动脉；颈部动脉出血时，应压迫颈总动脉。此时可用手指按在一侧颈根部，向中间的颈椎横突压迫。需特别注意，禁止同时压迫两侧的颈动脉，以免引起大脑缺氧而昏迷。

2）止血带止血法。这种止血法适用于四肢大出血伤员。用止血带（一般用橡胶管、橡胶带）绕肢体绑扎打结固定。上肢受伤可扎在上臂上部1/3处，下肢受伤可扎于大腿的中部。若现场没有止血带，也可以用纱布、毛巾、布带等环绕肢体打结，在结内穿一根短棍，转动此棍使带绞紧，直到不流血为止。在绑扎和绞止血带时，不宜过紧或过松。过紧会造成皮肤或神经损伤，过松则起不到止血作用。

3）加压包扎止血法。这种止血法适用于小血管和毛细血管的止血。先用消毒纱布或干净毛巾敷在伤口上，再垫上棉花，然后用绷带紧紧包扎，以达到止血目的。若伤肢有骨折，还要另用夹板固定。

4）加垫屈肢止血法。这种止血法适用于小臂和小腿的止血。它利用肘关节或膝关节的弯曲功能，压迫血管以达到止血目的。在肘窝或腘窝内放入棉垫或布垫，使关节弯曲到最大限度，再用绷带把前臂与上臂（或小腿与大腿）固定。

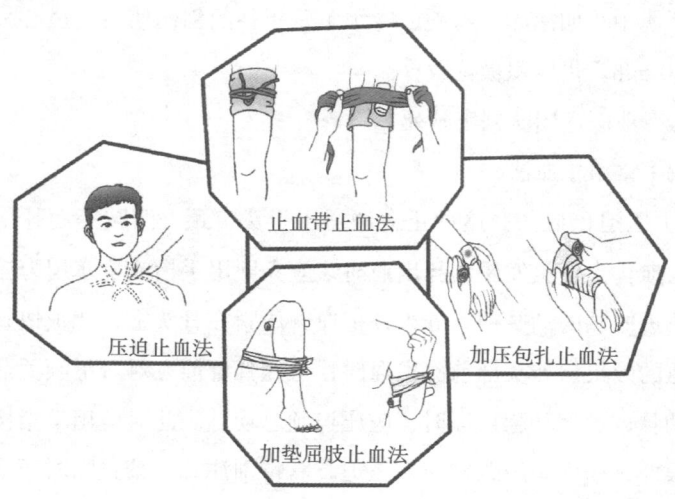

（3）常用包扎法

1）头顶包扎法。外伤在头顶部可用此法。把三角巾底边折叠成两指宽，中央放在前额，顶角拉向后枕部，两底角拉紧，经两耳上方绕到头的后枕部，压住顶角，再交叉返回前额打结。如果没有三角巾，也可用干净毛巾代替。先将毛巾横盖在头顶上，前两角反折后拉到后枕部打结，后两角各系一根布带，左右交叉后绕到前额打结。

2）单眼包扎法。如果眼部受伤，可将三角巾折成四指宽的带形，斜盖在受伤的眼睛上。三角巾长度的1/3向上、2/3向下。下部的一端从耳下绕到后枕部，再从另一只耳上绕到前额，压住眼上部的一端，然后将上部的一端向外翻转，向脑后拉紧，与另一端打结。

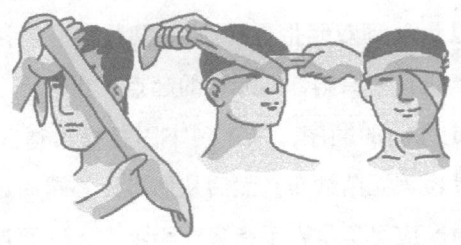

3）三角巾上肢包扎法。如果上肢受伤，可把三角巾的一底角打结后套在受伤侧手臂的手指上，将另一底角拉到对侧肩上，用顶角缠绕伤臂，并用顶角上的小布带固定。然后将受伤的前臂屈曲到胸前，成90°，最后将两底角在对侧肩上打结。

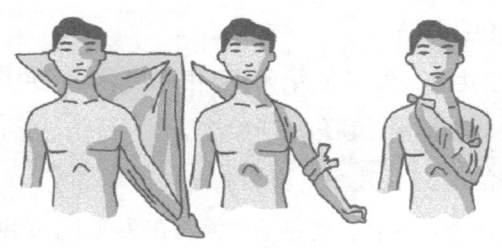

4)膝(肘)关节包扎法。根据伤肢情况,将三角巾折叠成适当宽度的条带状,中段斜放在膝(肘)关节伤处,两端分别向后交叉,再绕到膝(肘)前外侧打结固定。

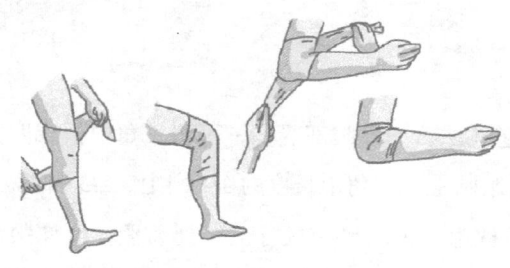

5)绷带包扎法。绷带包扎法包括环形包扎法、螺旋形包扎法、螺旋反折包扎法、头顶双绷带包扎法和"8"字形包扎法等。包扎时要掌握"三点一走行"原则,即绷带的起点、止血点、着力点(通常在伤处)和行走方向的顺序,以达到牢固且松紧适宜的效果。操作时,先在伤口处覆盖无菌纱布,然后从伤口近心端向远心端缠绕。包扎上肢或下肢时,应尽量暴露手指尖或脚趾尖,以便观察血液循环情况。由于绷带在胸、腹、臀、会阴等部位容易滑脱,固定效果较差,因此绷带包扎法一般适用于四肢和头部伤口。

①环形包扎法。将绷带卷放在包扎部位稍上方,第一圈稍倾斜缠绕,第二、第三圈作环形缠绕,并将第一圈斜出的绷带带头压于环形

圈内，然后继续重复缠绕。包扎结束后，将绷带尾端撕开打结固定，或用别针、胶布将尾部固定。

②螺旋形包扎法。先环形包扎数圈固定，然后将绷带逐渐以斜旋上升的方式缠绕，每圈覆盖前圈的 1/3~2/3，形成螺旋状。

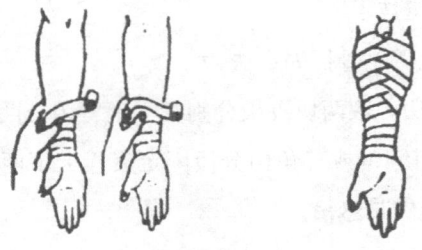

③螺旋反折包扎法。先环形包扎两圈固定，随后进行螺旋形包扎。当包扎至肢体渐粗部位时，用一手拇指按住绷带上方，另一手将绷带反折向下（使上缘变成下缘），后续每圈覆盖前圈 1/3~2/3。此法主要适用于四肢粗细不均部位，如前臂、小腿、大腿等。

④头顶双绷带包扎法。将两条绷带连接（打结处置于头后部），分别经耳上向前，在额部中央交叉。第一条绷带经头顶到枕部。第二条绷带反折绕回枕部，并压住第一条绷带。第一条绷带再从枕部经头顶返回额部，第二条从枕部绕到额部，再次压住第一条绷带。如此交替缠绕，形成帽状固定结构。

⑤"8"字形包扎法。适用于四肢关节（腕、肘、膝、踝）以及锁骨骨折（现多采用专用锁骨固定带）的包扎。在关节部位，绷带以"8"字形路径上下交替缠绕（一圈向上、一圈向下），形成交叉固定。

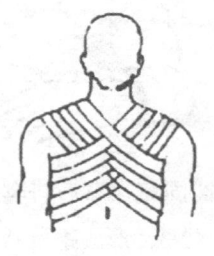 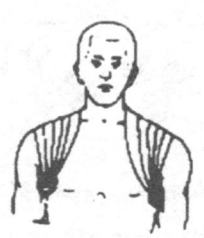

（4）骨折固定技术

1）肱骨（上臂）骨折固定法。

①夹板固定法。取两块夹板分别置于上臂内外两侧（单夹板时置于上臂外侧），用绷带或三角巾分段固定夹板上下两端；肘关节屈曲90°，前臂用小悬臂带悬吊。

②无夹板固定法。将三角巾折叠成10~15 cm宽条带，条带中央对准骨折处，将上臂固定于躯干（条带两端于对侧腋下打结）。屈肘90°后用小悬臂带将前臂悬吊于胸前。

2）尺骨、桡骨（前臂）骨折固定法。

①夹板固定法。取两块长度超过肘关节至手心的夹板，分别置于前臂内外侧（单夹板时置于前臂外侧）。手心放置衬垫，保持腕关节背屈15°~30°，固定夹板上下两端后屈肘90°，用大悬臂带悬吊，手部略高于肘部5~10 cm。

②无夹板固定法。用大悬臂带将前臂悬吊于胸前（手略高于肘）。另用一条三角巾将上臂连同悬吊带整体固定于胸部。固定带在健侧腋

下打结。

3）股骨（大腿）骨折固定法。

①夹板固定法。伤员仰卧位，伤肢保持伸直位；取两块夹板，内侧夹板上端至会阴部，下端超足跟 10 cm，外侧夹板上端至腋窝下 5 cm，下端超过足跟 10 cm（单夹板时置于下肢外侧）；将健肢紧贴伤肢，双下肢并拢，两足保持中立位对齐；在关节处及空隙部位均放置衬垫；用 5~7 条三角巾或布带先将骨折部位的上下两端固定，然后分别固定腋下、腰部、膝部、踝部等处；足部用三角巾"8"字形固定，保持足部背屈 90°。

②无夹板固定法。伤员仰卧位，伤肢保持伸直位，健肢靠近伤肢，双下肢并列，两足对齐；在关节及骨突空隙部位放置衬垫；用 5~7 条三角巾或布条将两腿固定，先固定骨折部位的上下两端，再固定大腿中部、膝部和踝部；足部用三角巾"8"字形固定，保持足部与小腿呈直角。

4）脊柱骨折固定法。严禁随意搬动骨折伤员，避免一人抱头、一人抬脚等不协调动作。

若伤员俯卧位，可用"工"字夹板固定，将竖板沿脊柱从头部至腰骶部纵放，将两横板分别压住竖板，横放于两肩及腰骶部，在脊柱生理弯曲处放置衬垫，先用三角巾或布带固定两肩，再固定腰骶部，最后固定胸背部。现场处理原则是，背部受到剧烈外伤，疑似颈、胸、腰椎骨折者，禁止扶起或活动伤员，必须就地固定；绝不能通过活动肢体判断有伤情，以免二次损伤。

5）头颅部骨折固定法。头颅部骨折处理的主要原则是保持头部固定，避免检查、搬动、转运等过程中晃动而加重损伤。具体做法是，伤员静卧，头颅部可稍垫高，头颅部两侧用沙袋或固定器等物体夹持固定，以免搬动、转运时左右晃动。

肱骨（上臂）骨折固定法

头颅部骨折固定法

尺骨、桡骨（前臂）骨折固定法

脊柱骨折固定法

股骨（大腿）骨折固定法

（5）伤员搬运

1）徒手搬运。

①单人搬运法。适用于伤势较轻的伤员，可采取背、抱或挟持等方法。

②双人搬运法。一人托住伤员的双下肢，另一人托住伤员的肩背部。在不影响受伤部位的情况下，也可采用椅式、轿式和拉车式搬运。

③三人搬运法。对疑有胸椎、腰椎骨折的伤员，应由三人协同搬

运：一人托住伤员肩胛部和头部，一人托住腰臀部，第三人托住双下肢，三人同时用力将伤员轻轻抬放至硬板担架上。

④多人搬运法。将脊椎受伤的伤员向担架上搬运时，应由至少6人协同搬运：2人专门负责头部的牵引固定，使头部始终保持与躯干成直线中立位，维持颈部制动。另2人托住肩背部和腰臀部，其余2人托住双下肢，协同将伤员平直移至担架上，头部两侧用软垫或沙袋固定。

2）自制担架搬运。

①用木棍制担架。取两根长约 2.5 m 的结实木棍或竹竿作为支架，平行放置，间距约 0.5 m，用绳索或布条在两长棍之间来回缠绕，绑成梯子结构。

②用上衣制担架。用两根上述长度的木棍或竹竿分别穿过两件上衣的袖筒（衣服扣子系紧，袖口扎牢）。适用于无绳索时的紧急情况。

③用椅子代替担架。用扶手椅两把背对背对接，用绳索或布条牢固固定对接处（椅背和腿部）。

④用毛毯制担架。需要使用两根木棍、一块毛毯或床单、结实的长线或铁丝。将两根木棍平行放置毛毯中央，毛毯一侧向内折叠覆盖木棍，另一侧毛毯反向折叠包住另一根木棍，形成双层包裹；用针线或铁丝将毛毯边缘与木棍固定。

3）车辆搬运。车辆搬运受气候影响小、速度快，适合较长距离运送。轻伤伤员可坐在车上，重伤伤员必须平卧于担架上。重伤伤员最好用救护车转运，无救护车时，可用普通车辆，但需要确保平衡。上车后，胸部伤伤员取半卧位，颅脑伤伤员应使头偏向一侧，一般伤伤员取仰卧位。

43. 冒顶事故应急处置

（1）冒顶事故通常具有明显预兆。井下人员发现冒顶预兆时，应立即撤离至安全地点避灾。若无法及时撤离，应迅速紧贴煤壁直立站立（但应防范片帮风险），或躲避到木垛等处避灾。

（2）发生冒顶事故后，班长、跟班干部要根据现场情况，判断冒顶事故发生的位置、范围、原因、影响区域等，有针对性地进行现场处置。若确认无第二次大面积顶板动力现象时，应立即组织救援，优先疏通逃生通道，防止事故扩大。

（3）现场救援人员必须在确保巷道通风正常、退路畅通、现场冒顶区周边维护好的情况下方可施救，施救过程中必须安排专人进行顶板状态观察和监护。当出现大面积顶板来压或通风不良、瓦斯浓度超限等异常情况时，必须立即撤离至安全地点，等待专业力量救援。

（4）在巷道掘进施工时，应定期检查巷道支架稳定性、顶板状况，及时加固松动支护，防止发生"前掘后堵"事故。一旦被困，应保持沉着冷静，迅速加固冒落区和避灾点的支架，防止冒顶范围进一步扩大，并有规律地发出求救信号，但禁止敲打威胁自身安全的物料和岩石，更不能在条件不允许的情况下强行挣扎脱险。若被困时间较长，则应减少体力消耗，节水、节食和节约矿灯用电。若有压风管，应开启阀门维护通风，做好长时间避灾准备。

（5）抢救被煤和矸石埋压的人员时，要首先加固冒顶地点周围的支架，防止抢救过程中再次冒落伤人，并预留好安全退路，保证救援人员自身安全，然后才能采取救援措施。被埋压人员被扒出后，首先要清理其口鼻堵塞物，以使其呼吸畅通。抢救被埋压人员时，禁止用镐刨煤、矸；小块应用手搬，大块可采用千斤顶、液压起重气垫等工具，绝对不允许用锤砸。

（6）应根据现场实际情况开展救助工作：应在现场对轻伤者进行包扎，并抬放至安全地带；严禁随意挪动骨折人员，而应先采取固定措施；对于出血伤员应先进行止血，然后等待救援人员进行专业救护。

（7）除救人和处理险情紧急需要外，一般不得破坏现场。

（8）发生冒顶事故抢救人员时，应使用呼喊、敲击或应用生命探测仪探测等方法，判断遇险人员位置，与遇险人员保持联系，鼓励他们配合救援工作。在支护好顶板的情况下，可采取掘小巷、绕道通过垮落区或使用矿山救护轻便支架穿越垮落区等方法接近被埋、被堵人员；一时无法接近时，应设法利用压风管路等提供新鲜空气、水和食物。

（9）处理冒顶事故时，应指定专人检查瓦斯和观察顶板情况，发现异常应立即撤出救援人员。

44. 炮烟中毒窒息事故应急处置

（1）迅速将中毒者转移到有新鲜风流的安全地点，立即进行抢救。

（2）对呼吸停止者，应清除口腔、鼻腔内的分泌物及异物，确保呼吸道畅通后，立即实施人工呼吸。

（3）对心搏骤停者，应迅速进行胸外心脏按压，并同步实施人工呼吸。

（4）救护人员进入爆炸区前，必须佩戴氧气呼吸器、自救器等个体防护装备，确保不会发生二次中毒。严禁盲目施救，避免伤亡扩大。

45. 煤矿透水事故应急处置

（1）井下一旦发生透水事故，应以最快速度通知附近区域工作人员，按照规定的避灾路线撤离。现场班长、跟班干部要立即组织人员沿避水路线安全撤离至有新鲜风流的地方。撤离前，应设法将撤退路线和目的地报告调度室，到达目的地后再次向调度室报告。

（2）要特别注意"人往高处走"的原则，严禁进入低于透水点下方的独头巷道。由于透水来势迅猛、冲击力大，避难人员应立即避开出水口和泄水流，就近躲避到硐室、巷道拐弯处等安全地点；情况紧急来不及躲避时，可抓牢棚梁、棚腿等固定物，防止被水流打倒或冲走。在存在有毒有害气体威胁时，必须佩戴自救器。

（3）人员撤出透水区域后，应立即关闭防水闸门，切断水流通路。撤退行进时应沿巷道一侧行走，抓牢支架等固定物，尽量避开压力水头和泄水主流，防止被水流携带的矸石、木料撞伤。若巷道中照明和路标损毁导致迷失方向，应沿风流上行的上山方向撤退。撤退途中应在巷道交叉口设置明显的方向指示标志。从立井梯子间撤离时，应有序攀爬，确保手脚稳固。如遇巷道因冒顶或积水堵塞，可寻找其他安全通道撤出。

（4）当唯一的出口被封堵无法撤离时，应在现场负责人员指挥下选择安全地点避灾待援，严禁擅自潜水等冒险行为。

（5）当避灾处低于外部水位时，严禁打开水管、压风管供风，以免水位上升。必要时，可设置挡墙或防护板，阻隔涌水、煤矸和有害气体侵入。避灾地点外口应放置衣物、矿灯等明显标志物，以便救援人员发现。

（6）重大水害的避难时间通常较长，应合理节约使用矿灯电源，科学分配随身食物，保持安静，减少不必要的体力消耗和氧气消耗，并积极寻求与外界联系的方法。长时间避难时，避难人员应轮流担任岗哨，注意观察外部情况，定期测量气体浓度，其他人员应保持静卧以节省体力。避难人员较多时，硐室内仅保留一盏矿灯照明，其余矿灯均应关闭备用。可有规律地敲击金属物或顶帮岩石以发出求救信号，帮助救援人员定位。全体避难人员都要坚定信心，互相鼓励，保持冷静。被困期间断绝食物后，即使饥渴难忍，也应努力克制自己，不嚼食杂物充饥，谨慎饮用不洁净的水。必要时，应选择合适水源并用衣物过滤，以免造成食道损伤。

（7）长时间避难后得救时，应避免立即进食硬质和过量食物，注意避开强烈光线，以免刺伤眼睛。

46. 煤矿井下火灾应急处置

（1）煤矿井下任何人发现烟雾或明火，确认发生火灾时，必须立即报告调度室。火灾初期是灭火的最佳时机，若火势较小，应立即采取直接灭火措施，严禁惊慌失措或盲目奔跑。

（2）灭火作业时要确保充足的水量，采取由外围逐渐向火源中心推进的灭火方式；要保持正常通风，确保回风通道畅通，以便及时排出高温气体；用水灭电气设备火灾时，首先要切断电源；不宜用水扑灭油类火灾；灭火人员必须位于火源进风侧，以免烟气伤人。

（3）如果火势较大无法控制，或者接到撤退命令时，要组织避灾和进行自救。此时，要迅速戴好自救器有序组织撤离。处于火源上风侧的人员，应逆风撤退。处于火源下风侧的人员，如果火势小，可迅速穿过火区至火源上风侧，顺风撤退时则必须找到捷径尽快进入新鲜风流中撤退。撤退时应迅速果断、忙而不乱，同时要随时注意观察巷道和风流变化情况，谨防因风压导致的风流逆转。

（4）如果巷道出现烟雾但较小时，应立即佩戴自救器（若无自救器或自救器已失效时，应用湿毛巾捂住口鼻），尽量躬身弯腰，保持低姿行进；烟雾浓密时，应沿巷道底板和侧壁迅速撤离，一般情况下避免逆着烟流方向撤退；在能见度低时，应摸着巷道壁、支架、管道或铁轨前进，以免错过通往新风流的连通出口。

（5）在充满高温浓烟的巷道中撤退时，应用浸湿衣服或淋水方式进行降温，使用随身物品遮挡头面部，防止高温烟气刺激等。若无法撤离灾区时，应迅速进入避难硐室，或者就近寻找其他较安全地点避灾，等待救援。

（6）当避灾路线指示牌损毁导致迷失方向时，撤退人员应沿着有风流通过的巷道方向撤退。在撤退路线和巷道交叉口设置醒目标志，以提示救援人员注意。

（7）在唯一出口被封堵而无法撤退时，应在现场负责人员或有经验的老工人的带领下避灾，以等待救援人员。进入避难硐室前，应在硐室外留设文字、衣物、矿灯等明显标志以提示救援人员注意。进入硐室后，应启动压风自救系统，可采取有规律地敲击金属物等方法，发出呼救联络信号，以引起救援人员注意。

47. 高处坠落事故应急处置

（1）主要应急处置措施

1）清理坠落处上方的松石、杂物等危险物，防止再次坠落伤人。

2）将伤员用担架或矿车送上地面，竖井严禁直接用绳索拉升伤员。

3）若伤员有外伤，应先抬至安全地点，解开衣物检查其受伤情况。

4）若伤员伤口出血，应先进行止血处理；若伤员骨折，应先进行临时固定；若伤员停止呼吸，则应立即进行人工呼吸。

5）对重伤员在现场进行急救后，应立即送往医院进行救治。

（2）创伤性休克应急处置措施

1）判断早期休克：看神志，看面颊、口唇和皮肤色泽，看表浅静脉；摸脉搏，摸肢端温度。

2）现场急救：平卧、安静、保温；止血、包扎、固定；保持呼吸畅通；送医院抢救。

48. 矿山爆破事故应急处置

（1）早爆事故现场应急处置

1）人员应迅速撤离至安全且有新鲜风流的上风侧，并及时报告。

2）如有人员受伤，在确保自身安全的情况下，将中毒窒息人员或被炸伤人员转移至新鲜风流的安全地点进行抢救。

(2)迟爆事故现场应急处置

迟爆事故发生后,若不能断定是起爆器还是线路问题,严禁立即进入工作面检查,而应等待几十分钟后再进入查明原因。迟爆事故有可能是几分钟或十几分钟,如误认为是拒爆而进入工作面检查,极易发生伤亡事故。

(3)盲爆事故现场应急处置

1)发生盲爆事故时,应在现场设置危险警示标志。由专业人员处理时,无关人员不得接近。

2)电力起爆的盲爆,应立即切断电源,及时将盲爆电路短路。

3)导爆索与导爆管起爆网路发生盲爆时,应先检查导爆管,修复后再重新起爆。

4)盲爆处理后,要仔细检查炮堆,按规定销毁残余的爆破器材。

5)总结盲爆产生的原因、处理方法、处理结果及预防措施。

(4)炸药事故性爆炸现场应急处置

1)现场人员迅速撤离至安全且有新鲜风流的上风侧,并及时报告事故情况。

2)通知沿途受爆炸影响区域的人员一同撤离至安全地点。

3)爆炸事故发生后,矿井主要通风机、危险区域的局部通风机要保持开启状态。